合格力アップ!

中高一貫校
頻出ジャンル別
はじめての適性検査

「算数分野」
問題集

公立中高一貫校
合格アドバイザー ケイティ＝著

実務教育出版

JN026659

はじめに

　はじめまして！ この問題集を書いたケイティです。

　本書では「KT犬」としてたくさん登場するので、いっしょに楽しみながら適性検査の対策をしていきましょう。

　みなさんは、適性検査の問題を解いたことはありますか？

　解いたことがある人は、「適性検査って面白い！」と思う一方で、「どう対策していけばいいんだろう…」という気持ちになったのではないでしょうか。この本では、小学校で習う知識が適性検査でどう使われるのかを、わかりやすくまとめています。この1冊で合格に必要な知識の土台を作り、厳選した過去問で演習することで効率よく力をつけていくことができますよ！

　まだ解いたことのない人は、これから志望校合格に向けて、適性検査の「専門家」に変身していく必要があります。そのための第一歩の本だと思ってください。

　問題を解いていると、「問題文が長いから大変だ〜」と何度も何度も感じると思います。でも、それと同時に「ポイントさえおさえれば、実は簡単なんだ！」と感じる問題が多いことにも気づくはず。

　文章の長さや情報の多さ、グラフや表の多さにあせらずに、本書で紹介するポイントやコツをしっかりおさえて、合格力アップにつなげていきましょう！

　適性検査は記述問題も多いですが、慣れれば慣れるほどが得点につながり、味方になってくれます。また、似たような問題も多数出題されるので、解いた量が解法の引き出しの多さにつながります。

　そのため、この本では算数分野を「数」「図形」「比」の3つに分け、その中で特に出題の多い問題を、「知識の確認→例題→過去問」と集中して取り組めるようにこだわりました。

　この問題集を解き終えたら、適性検査の土台はバッチリです。次は、全国の適性検査の過去問をどんどん解いて、合格に向けたさらなるレベルアップにつなげてください。

　本書が、これから始まる受検生活の心強いパートナーになることを願っています。

公立中高一貫校合格アドバイザー　ケイティ

合格力アップ！
公立中高一貫校
頻出ジャンル別はじめての適性検査
「算数分野」問題集
もくじ

第1章　数に強くなろう！

第2章 図形と仲良くなろう！

第3章 比を使いこなそう！

おさえておきたい得点アップ技！

本書の使い方

　これからキミが対策を始める適性検査には、「学校のテストとはちょっとちがう」と感じるような問題がたくさん登場するよ。また、長い会話文がセットになっていたり、ヒントが図表にかくれていたりするので、「どんな知識を使って解くんだろう？」と解読するところから始まるんだ。そんなちょっと変わった適性検査に少しでも慣れるように、この問題集では、同じジャンルの問題ごとにグループ分けしているよ。まずは覚えるべきポイントをつかみ、例題や実際の過去問で練習していこう。この１冊が終わるころには、算数分野に出てくるさまざまなタイプの問題が得意になっているはずだ！　一緒にがんばろうね。

登場人物

KT犬

甘いものには目がない
適性検査のスペシャリスト

少年

算数は好きだけど、
うっかりミスが悩み

少女

受検は決めたけど、何から
手をつけていいかわからない

取り組みの流れ

❶ まずはポイントをつかもう！

学校で習うことの中で、特に適性検査にもよく登場する言葉をおさらいしよう！

完璧に覚えて
おきたい言葉

しっかり読んで
理解を深めよう

> 🔺 ✨ 🔶 **解法のポイント** ✨ 🔶
>
> ・**がい数**…およその数のこと
> ・**切り上げ**…その数字の１つ上の位に１を足し、それ以下をすべて０にすること
> ・**切り捨て**…その位とそれ以下の位をすべて０にすること
> 　例 356を一の位で切り上げ➡360　4589を十の位で切り捨て➡4500
> ・**四捨五入**…がい数にするために、必要な位の１つ下の位を切り上げたり、切り捨てたりすること。4、3、2、1、0は切り捨て、5、6、7、8、9は切り上げる
> 　例 592851を百の位までのがい数にする➡十の位の5を切り上げて、592900
> ・**以上・以下・未満・より**…「以上」「以下」はその数をふくむ。「未満」「より」はその数をふくまない
> 　例 5以上➡5もふくむ　5より大きい➡5はふくまない
> ・**上から〇けたのがい数**…上から〇けた目の１つ下の位で四捨五入すること

まずは基本が
大事！

❷ 適性検査ならではのコツを伝授！

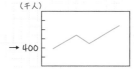

志望校合格にむけて、覚えておいて
もらいたいことをまとめたよ！

メモメモ…

☞ 合格のコツを要チェック！

・四捨五入するけたの場所をまちがえないように！
・資料でよく出てくる（千人）や（万トン）といった省略に注意！ 小さく書か
　れているから見逃しやすいよ

（千人）

400人ではなく、400(千人)。
つまり400000人だよ!
（千人）（万トン）（億円）など見逃し注意!

→ 400

・「億」の漢字をまちがえる人が多い。左側はにんべんだよ！ 4年生で習うので、
　ちゃんと漢字にすること
・けたが多ければ多いほどミスが増える。筆算するときは数字をまっすぐ書く！

❸ 確認したポイントを使って、例題を解いてみよう！

ちゃんと理解できているか、
基本問題でチェック！

✎ 例題

No. 1
　次の表は、各国の人口をまとめたものです。それぞれ、**一万の位までのがい数で**
表しましょう。

A国	19432119人
B国	5909350人
C国	8795141人

No.2
　四捨五入して上から2けたのがい数にしてから計算しましょう。

14892＋4820＝（　　　）＋（　　　）＝（　　　　）

81560÷4119＝（　　　）÷（　　　）＝（　　　　）

例題用の
解答欄を
使おう

No.3
　ある整数を四捨五入して上から2けたのがい数にしたところ、5600になりました。
このような数字のうち、最も小さい数字と、最も大きい数字を答えましょう。

❹過去問に挑戦しよう！

ポイントや例題で身につけた知識で、実際の過去問に挑戦だ！

おっ！解けるかも！？

面白い問題がいっぱい！

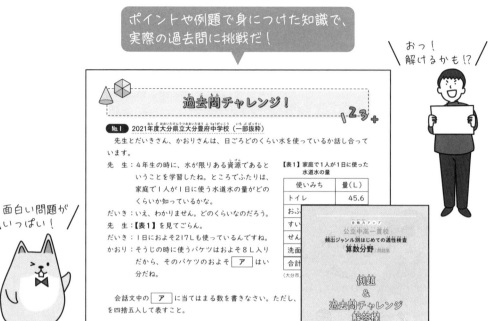

過去問チャレンジ！

No.1 2021年度大分県立大分豊府中学校（一部抜粋）

先生とだいきさん、かおりさんは、日ごろどのくらい水を使っているか話し合っています。

先　生：4年生の時に、水が限りある資源であるということを学習したね。ところでふたりは、家庭で1人が1日に使う水道水の量がどのくらいか知っているかな。

だいき：いえ、わかりません。どのくらいなのだろう。

先　生：【表1】を見てごらん。

だいき：1日におよそ217Lも使っているんですね。

かおり：そうじの時に使うバケツはおよそ8L入りだから、そのバケツのおよそ ア はい分だね。

会話文中の ア に当てはまる数を書きなさい。ただし、を四捨五入して表すこと。

【表1】家庭で1人が1日に使った水道水の量

使いみち	量（L）
トイレ	45.6
おふ	
すい	
せん	
洗面	
合計	

（大分市

公立中高一貫校　合格力アップ
頻出ジャンル別はじめての適性検査
算数分野

例題
&
過去問チャレンジ
解答欄

解答・解説の使い方

　本書は、例題のあとに解答・解説、過去問チャレンジのあとに解答・解説というように、取り組んだらすぐに解き方が確認できるようになっているよ。解きっぱなしにせず、しっかり自分でマル付けをしてから次に進もう！

解説の確認が一番大切！

例題解説

No.1

解答

A国：1943万人
B国：591万人
C国：880万人

解説

必要な単位までを囲むとわかりやすいよ。
たとえば19432119の場合、次のようになる。

1943 2119
万千百十一
ここまで必要！

必要な位までを囲むこと！
問題をよく読んで指示された位をまちがえないようにね。

大事なテクニックを詰め込んだよ
正解しても必ず目を通しておいてね。

適性検査問題は色んな解き方がある。解説を読んで、自分の解き方と同じかチェック！

解説動画について

難易度の高い問題については、考え方のコツもふくめて動画で解説をしているよ。

解説動画アリ 🐜 がついているので、ぜひチェックしてみてね！

動画の見方がわからない人は、保護者の方に相談しながら、一緒に確認してね。

❶ こちらのQRコードからサイトにアクセス

もしくは、こちらのURLからアクセス

https://www.youtube.com/channel/UCgIvMjzbDGNh3_BFo6kH6eA

❷ 見たい問題を選んで、視聴しよう！

過去問について

• 過去問チャレンジの問題は、一部変更しているものもありますが、基本的にはできるだけオリジナルに忠実な形で抜き出し、掲載しています。そのため、問題が（1）ではなく（2）から始まったり、下線部が③から始まったりしていることがあります。また、同じ漢字でもふりがなを振ってあるもの、振っていないものなど、問題によってばらつきがありますが、過去問をできるだけ加工せずに使用したい、という意図によるものです。

• 解答例を公表されていない学校につきましては、筆者が解答例を作成いたしました。具体的には、以下の学校が該当します。

P22：2021年度新潟市高志中等教育学校
P31：2021年度鹿児島市立鹿児島玉龍中学校
P54：2022年度山口県共通問題
P55：2022年度宮崎県共通問題
P67：2021年度仙台市立仙台青陵中等教育学校
P111：2021年度青森県立三本木高等学校附属中学校
P131：2022年度さいたま市立浦和中学校

全国の適性検査をタイプ別に攻略しよう！

エリアごとの算数分野の特徴を紹介するよ。
自分が受ける学校と似たタイプの過去問を解いたり、自分が苦手とするジャンルの問題を練習したりするために参考にしてね！

	エリア	特徴
A	北海道・東北 （青森・岩手・宮城・秋田・山形・福島）	発想力を試される札幌開成と、一部超難問がある仙台二華以外は、比較的取り組みやすいエリア
B	北関東・甲信越 （群馬・栃木・茨城・長野・新潟・山梨）	会話文や図表など、大量の情報を整理したうえで、必要な式を説明する問題が各校1問は出る。記述量が少なくなった茨城とそれ以外の県で、このエリア内の記述量には差がある。
C	首都圏① （埼玉伊奈・大宮国際・川崎・稲毛国際）	首都圏の中でも取り組みやすいエリア。
D	首都圏② （川口市立・神奈川県立・横浜市立南・都立（都立小石川・都立武蔵を除く）・区立九段・さいたま浦和）	情報整理と計算の手間がかかり、素早い計算はもちろん、数字をあつかう能力が試されるエリア。横浜市立南、さいたま浦和は、新しい年度になるにつれ取り組みやすさがアップ。適性検査Ⅲまである場合、次の首都圏③に匹敵する難易度も一部あり。
E	首都圏③ （都立小石川・都立武蔵・千葉県立・横浜市立サイエンスフロンティア）	時間内には理解が難しい超難問が複数登場するエリア。ひらめき、計算力、そして何より、理系に対する強い関心が求められる。
F	東海・北陸 （静岡・石川・福井）	福井高志は非常にハイレベル。それ以外は取り組みやすいエリア。令和5年から新規導入が決定している愛知に注目が集まる。
G	近畿① （滋賀・奈良・和歌山・大阪府立の一部）	取り組みやすいエリア。

H	近畿② （大阪府立の一部・京都府立・京都市立）	大阪府立の中でも、咲くやこの花のものづくり分野、富田林、そして京都府立は難関。また、京都市立西京は全国的にもトップクラスの難易度をほこる。
I	中国・四国 （岡山・広島・山口・四国全県）	岡山、四国は特に取り組みやすいエリアだが、広島に関しては、福山市立以外は膨大な計算量が求められる上に、記述量も多いため取り組む時期は注意が必要。
J	九州・沖縄	取り組みやすいエリアだが、長崎や宮崎五ヶ瀬では、一部、高難易度の問題がある。沖縄は、私立中学受験の算数科目のようなテクニックを必要とする問題もあり。
番外編	国立 （東京学芸大附属国際や、東大附属、お茶の水女子大附属中など）	難易度も高く、また、記述量が多かったり私立中学受験の算数科目に近い問題もあったりと、個性的な問題が多い。

　ここからは、各エリアの算数分野の特徴を五角形のチャートで表すよ。
「そのエリアで特に求められる力は何か」をチェックするために使ってね。
　難易度の比較ではなく、あくまでも五角形のグラフの中でどれが重視されているか、を表している。たとえば、東海・北陸の計算力レベル3と、近畿①の計算力レベル3は難易度が異なるよ。

　次の基準をもとに、5つの力のバランスをグラフにしたよ！
計算力…計算量・計算に必要な桁数・単位の換算
情報整理力…会話文の長さ・条件の長さ、多さ・情報整理（図表化）をした方がよい問題の多さ
立体をとらえる力…立体問題の量・出題例の少なさ・頭の中でとらえる立体の複雑さ
記述力…1問あたりの文字数・記述が必要な問題の量
プログラミング的思考…プログラミングの構築問題の量・仮説思考が必要な問題の量

北海道・東北

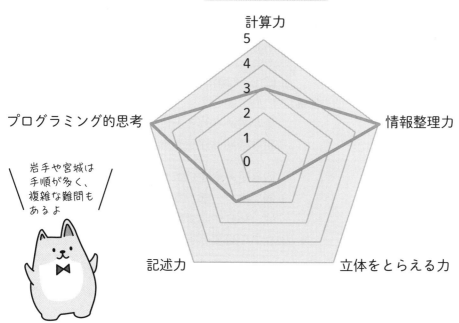

岩手や宮城は
手順が多く、
複雑な難問も
あるよ

北関東・甲信越

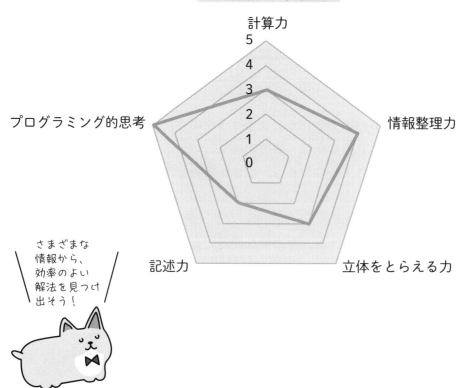

さまざまな
情報から、
効率のよい
解法を見つけ
出そう!

首都圏①

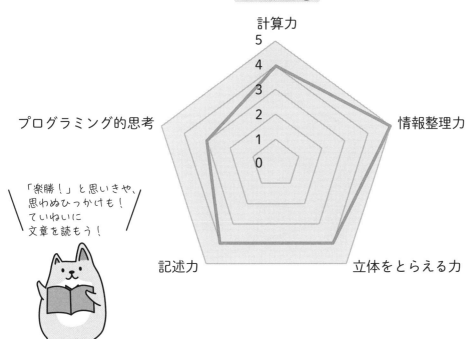

計算力
5
4
3
2
1
0

情報整理力

立体をとらえる力

記述力

プログラミング的思考

「楽勝！」と思いきや、
思わぬひっかけも！
ていねいに
文章を読もう！

首都圏②

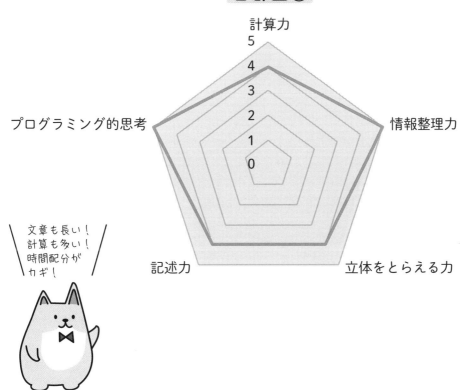

計算力
5
4
3
2
1
0

情報整理力

立体をとらえる力

記述力

プログラミング的思考

文章も長い！
計算も多い！
時間配分が
カギ！

首都圏③

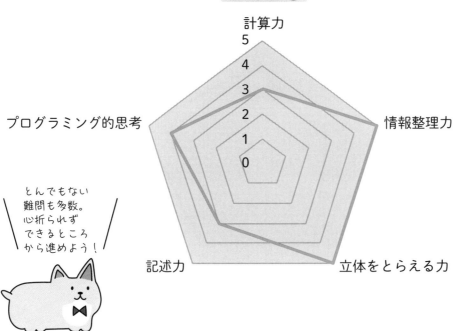

とんでもない
難問も多数。
心折られず
できるところ
から進めよう！

東海・北陸

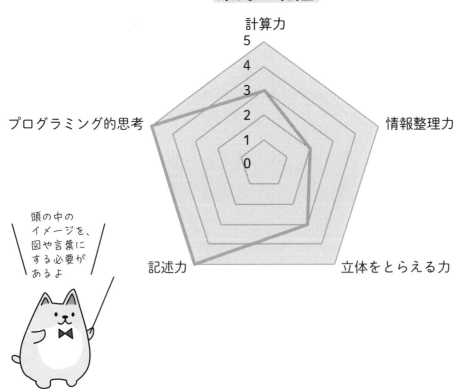

頭の中の
イメージを、
図や言葉に
する必要が
あるよ

近畿①

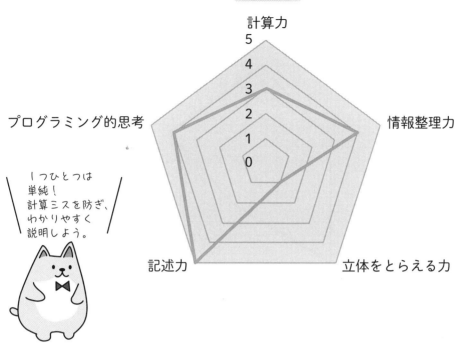

計算力
5
4
3
2
1
0

情報整理力

立体をとらえる力

記述力

プログラミング的思考

１つひとつは単純！
計算ミスを防ぎ、
わかりやすく
説明しよう。

近畿②

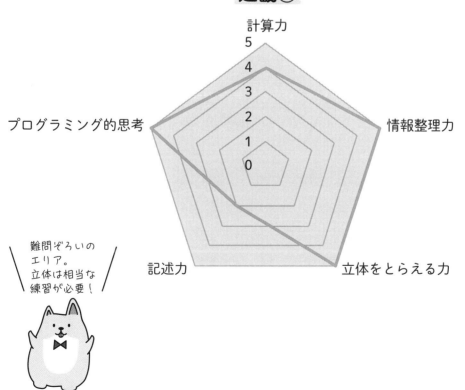

計算力
5
4
3
2
1
0

情報整理力

立体をとらえる力

記述力

プログラミング的思考

難問ぞろいの
エリア。
立体は相当な
練習が必要！

中国・四国

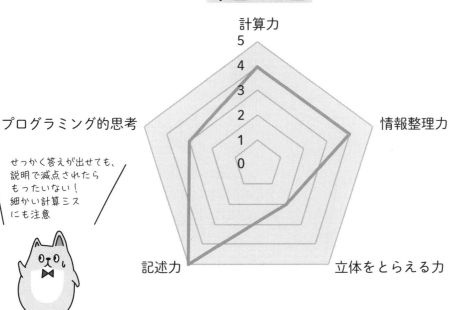

計算力

情報整理力

立体をとらえる力

記述力

プログラミング的思考

せっかく答えが出せても、
説明で減点されたら
もったいない！
細かい計算ミス
にも注意

九州・沖縄

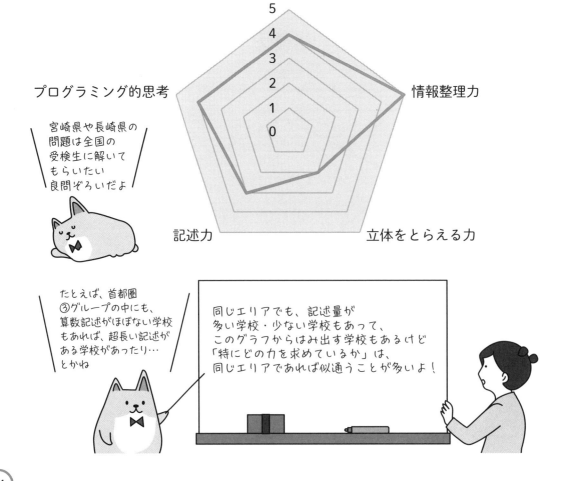

計算力

情報整理力

立体をとらえる力

記述力

プログラミング的思考

宮崎県や長崎県の
問題は全国の
受検生に解いて
もらいたい
良問ぞろいだよ

たとえば、首都圏
③グループの中にも、
算数記述がほぼない学校
もあれば、超長い記述が
ある学校があったり…
とかね

同じエリアでも、記述量が
多い学校・少ない学校もあって、
このグラフからはみ出す学校もあるけど
「特にどの力を求めているか」は、
同じエリアであれば似通うことが多いよ！

第❶章
数に強くなろう！

およits₀その数と計算

グラフや表などの資料には、8けたや9けたもの大きな数字がたくさん登場します。「およその数」でとらえる力をみがき、うっかりミスを防ぎましょう！

東京の年間降水量は
1466.7mm でした

天気予報

およそ1500mmとすると
150cm！
ぼくの身長くらいか～！

大きな数や
細かい計算にもあせらず
「およそ」で考えると
理解しやすくなるよ！

✧ 解法のポイント ✧

- **がい数**…およその数のこと
- **切り上げ**…その数字の1つ上の位に1を足し、それ以下をすべて0にすること
- **切り捨て**…その位とそれ以下の位をすべて0にすること
  - 例 356を一の位で切り上げ➡360　4589を十の位で切り捨て➡4500
- **四捨五入**…がい数にするために、必要な位の1つ下の位を切り上げたり、切り捨てたりすること。4、3、2、1、0は切り捨て、5、6、7、8、9は切り上げる
  - 例 592851を百の位までのがい数にする➡十の位の5を切り上げて、592900
- **以上・以下・未満・より**…「以上」「以下」はその数をふくむ。「未満」「より」はその数をふくまない
  - 例 5以上➡5もふくむ　5より大きい➡5はふくまない
- **上から〇けたのがい数**…上から〇けた目の1つ下の位で四捨五入すること
  - 例 582031を上から2けたのがい数にする➡上から3けた目の「2」を四捨五入して、580000とする
- **およその数の範囲**…がい数にする前の正確な数字がふくまれる幅のこと
  - 例 ある整数を十の位までのがい数にしたら、620になった➡もとの数字は、615以上624以下の範囲にある

合格のコツを要チェック！

- 四捨五入するけたの場所をまちがえないように！
- 資料でよく出てくる（千人）や（万トン）といった省略に注意！ 小さく書かれているから見逃しやすいよ

（千人）

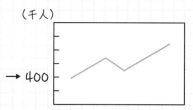

400人ではなく、400（千人）。
つまり400000人だよ！
（千人）（万トン）（億円）など見逃し注意！

→ 400

- 「億」の漢字をまちがえる人が多い。左側はにんべんだよ！ 4年生で習うので、ちゃんと漢字にすること
- けたが多ければ多いほどミスが増える。筆算するときは数字をまっすぐ書く！

例題

No.1

次の表は、各国の人口をまとめたものです。それぞれ、**一万の位までのがい数で**表しましょう。

A国	19432119人
B国	5909350人
C国	8795141人

No.2

四捨五入して上から2けたのがい数にしてから計算しましょう。

14892＋4820＝（　　　）＋（　　　）＝（　　　）
81560÷4119＝（　　　）÷（　　　）＝（　　　）

No.3

ある整数を四捨五入して上から2けたのがい数にしたところ、5600になりました。このような数字のうち、最も小さい数字と、最も大きい数字を答えましょう。

例題解説

No.1

[解答]

A国：1943万人

B国： 591万人

C国： 880万人

[解説]

必要な単位までを囲むとわかりやすいよ。

たとえば19432119 の場合、次のようになる。

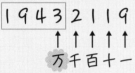

ここまで必要！

必要な位までを囲むこと！
問題をよく読んで指示された
位をまちがえないようにね。

☐ の1つ下の「2」を四捨五入すると切り捨てだから

1943 2119→19430000人 となる

B国 5909350

囲んだわくの1つ下の、9を四捨五入すると切り上げるので、590 ➡ 591万人。

C国 8795141

囲んだわくの1つ下、5を四捨五入すると切り上げるので、879 ➡ 880万人。

No.2

[解答]

14892+4820=（ 15000 ）+（ 4800 ）=（ 19800 ）

81560÷4119=（ 82000 ）÷（ 4100 ）=（ 20 ）

[解説]

上から2けたが必要だから囲もう。

☐ の1つ下の8を四捨五入すると切り上げだから

14892→15000 となる。

1

数に強くなろう！

$4820 \rightarrow 4800$
$81560 \rightarrow 82000$
$4119 \rightarrow 4100$

$$
\begin{array}{r}
15000 \\
+4800 \\
\hline
19800
\end{array}
$$

けたの数がバラバラのときは、筆算をまっすぐ書くようにしよう！ななめに書いたり、雑に書いたりするとミスのもと

$82000 \div 4100 \rightarrow 820 \div 41$

わり算は両方のゼロを同じ数ずつ消して計算しよう！
けたが小さくなると正確に計算しやすい

No.3

解答

最も小さい数字：5550

最も大きい数字：5649

解説

上から2けたのがい数にしているので、四捨五入したのは、上から3けた目のところ。

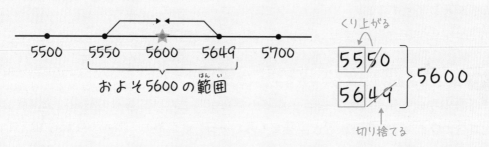

およそ5600の範囲

くり上がる

$$\left.\begin{array}{c} 5550 \\ 5649 \end{array}\right\} 5600$$

切り捨てる

過去問チャレンジ！

No.1 2021年度大分県立大分豊府中学校（一部抜粋）

先生とだいきさん、かおりさんは、日ごろどのくらい水を使っているか話し合っています。

先　生：4年生の時に、水が限りある資源であるということを学習したね。ところでふたりは、家庭で1人が1日に使う水道水の量がどのくらいか知っているかな。

だいき：いえ、わかりません。どのくらいなのだろう。

先　生：【表1】を見てごらん。

だいき：1日におよそ217Lも使っているんですね。

かおり：そうじの時に使うバケツはおよそ8L入りだから、そのバケツのおよそ ア はい分だね。

【表1】家庭で1人が1日に使った水道水の量

使いみち	量（L）
トイレ	45.6
おふろ	86.8
すいじ	39.1
せんたく	32.5
洗面・その他	13.0
合計	217.0

（大分市上下水道局の資料をもとに作成）

会話文中の ア に当てはまる数を書きなさい。ただし、 ア は小数第一位を四捨五入して表すこと。

No.2 2021年度新潟市立高志中等教育学校（改題）

② 高志小学校6年生の大沼桜子さんと小林たかしさんは、毎日の報道により新型コロナウイルスの感染状況に興味をもち、毎日、東京都の「都内の最新感染状況」を見ています。
担任の先生を交えての3人の会話を読んで、以下の問いに答えなさい。

桜　子：「都内の最新感染状況」を見ていると陽性率という言葉が出てきます。陽性率6％とか5％とか。

〈中略〉

たかし：また、報道番組等で、陽性率約何％っていう言葉をよく聞くけど、「約」って言葉の意味も学習したよね。

先　生：よく覚えているね。「約」という言葉と関連して「がい数」や「がい算」という言葉も学習したね。およその数のことを「がい数」、がい数にしてから計算することを「がい算」というんだったね。また、がい数を使って、見当をつけることを「見積もる」ともいうね。
じゃあ、③ゾウの重さ6199kgは、A子さんの体重39kgの何人分の体重でしょ

数に強くなろう！

1

うか。わる数とわられる数を、それぞれ上から1けたのがい数にして、商の大きさを見積もりましょう。

問3　下線部③について、ゾウの重さ6199kgは、A子さんの体重39kgの何人分の体重でしょうか。わる数とわられる数を、それぞれ上から1けたのがい数にして、商の大きさを見積もりなさい。

/ /

No.3 2020年度東京都立小石川中等教育学校

け　ん　じ：ところで、アメリカ合衆国の通貨は「アメリカドル」だね。

あ　さ　こ：1アメリカドルを日本円に両替すると、いくらになるのかな。

おじいさん：時代によってちがっているけれど、この数年は、1アメリカドルはだいたい100円くらいだね。1アメリカドルが100円と両替できるとき、「1アメリカドル＝100円」と書くことにしよう。

け　ん　じ：「1アメリカドル＝100円」のときに、日本で2000000円の値段がついている自動車をアメリカ合衆国へ輸出すると、輸送にかかる費用などを考えなければ、その自動車はアメリカ合衆国では20000アメリカドルの値段がつくということだね。

あ　さ　こ：では、同じように考えると、アメリカ合衆国で20000アメリカドルの値段がついている機械を、アメリカ合衆国から輸入するときには、その機械は「1アメリカドル＝100円」のとき、日本では2000000円の値段がつくということになるね。

おじいさん：そうだね。

け　ん　じ：「1アメリカドル＝100円」が「1アメリカドル＝50円」になったり、「1アメリカドル＝200円」になったりすることはあるのかな。

おじいさん：あるかもしれないね。

あ　さ　こ：「1アメリカドル＝50円」になるということは、少ない日本円で、「1アメリカドル＝100円」のときと同じだけのアメリカドルと両替できるのだから、円の価値が高くなったと考えていいのかな。

おじいさん：そうだね。「1アメリカドル＝100円」が「1アメリカドル＝50円」になった状態を「円高」と呼ぶよ。

け　ん　じ：だったら、「1アメリカドル＝200円」になった状態は「円安」と呼ぶのかな。

おじいさん：そうだよ。

〔問題２〕　日本で2000000円の値段がついている自動車は、アメリカ合衆国ではアメリカドルでいくらの値段がつくことになるでしょうか。また、アメリカ合衆国で20000アメリカドルの値段がついている機械は、日本では円でいくらの値段がつくことになるでしょうか。

「１アメリカドル＝90円」のときと、「１アメリカドル＝110円」のときについてそれぞれ計算し、小数第一位を四捨五入して整数で求め、解答用紙の表を完成させなさい。

過去問チャレンジ解説

No. 1

解答 27（はい）

解説

計算すると、217÷8＝27.1…になるので、指示された通り小数第一位の「1」を四捨五入して、答えは27。

今回のように環境問題にもつながりそうな資料が出てきたときは、算数問題として解いて終わりにするのではなく、「1人で1日に200L以上使うんだ！ 牛乳パックが200本分より多いってことか…」と身近なもので具体的にイメージしてみると記憶に残るよ。こういったプチ情報は作文で生かせることも多いから、解いて終わりにせず、あらゆる情報が本番の自分を助けるヒントになると思って大切にあつかおう。

No. 2

解答 150人分

解説

四捨五入して上から1けたのがい数にすると、6199➡6000、39➡40になるので、6000÷40=150（人分）となる。

問題文の大事なところに線は引けたかな？「上から○けた」といった指示部分には必ず線を引いて、答えた後にもう一度まちがいがないか確認しよう。本番では、ものすごく緊張しているから、うっかり誤ったけたを使ってしまうこともある。また、筆算をするときは、6000÷40の両方に共通しているゼロを取って、600÷4にして計算するとミスを防げるよ。適性検査ではゼロが多い数同士の割り算がしょっちゅうあるから、覚えておこう。

No. 3

解答

	自動車	機械
1アメリカドル＝90円	22222アメリカドル	1800000円
1アメリカドル＝110円	18182アメリカドル	2200000円

解説

1アメリカドル＝90円のとき 22222アメリカドル（2000000÷90＝22222.22…➡22222）

1アメリカドル＝110円のとき　18182アメリカドル（2000000÷110＝18181.81…➡18182）
1アメリカドル＝90円のとき　1800000円（20000×90＝1800000）
1アメリカドル＝110円のとき　2200000円（20000×110＝2200000）

2000000円という数字はゼロが多いし、90円や110円ではすっきり割り切れなさそうだから、ミスが出そうでちょっと勇気がいるよね…。こういうときは、次のようにするのがコツ！

・「0000」を漢字の「万」にする
・思いっきりざっくりがい算する

たとえば、2000000は、そのままではなく、まず「200万」というように漢字を使ってみる。こうすると数字部分が「200」だけになるから、「2000000」よりも頭で理解しやすくなるよ。

次に、思いっきり"適当な"がい算をしよう。1ドル90円も110円もややこしいから、100円で考えるよ。そうすると、「200万÷100」だから、「2万」になるよね。つまり、「200万円はだいたい2万ドルくらいになるはず！」と予測できる。
このように、「万」と"適当がい算"で、だいたいの答えを予測してから（慣れれば10秒でできるよ）正確な計算をしよう。そうすることで、もし計算ミスをして変な答えが出たとしても、自分で気づけるよ。ややこしい計算ほど、がい算予測が大事。

体温が36.5℃…
十の位で四捨五入すると
40℃の高熱だから
今日は休もう…

それ平熱だし

人に伝えるための値段や体温、正確さが求められる記録などがい数にしてはいけないものもある

計算の順序と工夫

答えの求め方は十人十色だけど、適性検査では「どうしてそう考えたの?」と解き方を言葉で説明する問題が出ることがあるよ。適当に答えを出すのではなく、効率よく式を組み立て、それを順序よく言葉で説明する力が求められるんだ。また、算数、理科、社会すべてに計算が出てくるのが適性検査なので、計算のきまりをしっかり覚えて計算ミスを防ぐのも大事だよ。

てきと〜に計算したら出た…

答え

説明しやすいから時短にもなる!

コレ!

答えの出し方は人それぞれ。でも言葉で説明するからには効率のよい解き方で説明しやすいルートを探す力が必要!

✦ 解法のポイント ✦

- 複数の数字を足し合わせるときは、下1けたの和が10になるものがあれば先に合わせる

  例 33＋15＋47＋58＋25＝80＋40＋58＝120＋58にする

  80　　40

- ゼロが多いかけ算…先にゼロを取っておいて、あとからゼロをもどす

  例 3800×4560 ➡ 0を3つ分取って、38×456＝17328を出してから、000をもどして17328000にする

- ゼロが多い割り算…同じ数だけゼロは打ち消し合うので、最初から取っておく

  例 57000÷30 ➡ 0を1つずつ取って、5700÷3＝1900と出す

- ( )があれば、( )の中を先に計算する

- 足し算や引き算よりも、かけ算や割り算の方が優先される

  例 3＋42÷7 ➡ 42÷7が最初の計算。3＋42ではない

- かけ算や割り算で同じ数が登場したら、( )を使ってひとまとめにくくる

  例 23×35＋17×35＝(23＋17)×35

  342÷19－133÷19＝(342－133)÷19

合格のコツを要チェック！

- 混乱したら、具体的な数字に置きかえてみよう。そのきまりが本当に使える
  かチェックできるよ
- 問題を解いて採点をしていく中で、「そんな計算の仕方もあるんだ〜！」と
  発見があったら、次からは自分でも使いこなせるよう１つひとつ定着させて
  いこう！ 模範解答は効率のよい解き方の宝庫だよ
- 計算が多く複雑な問題は、余白を使って記号に置きかえたり、表を書いたり
  して整理しよう。頭の中だけで考えようとしても限界があるよ！

例題

No.1

① ケーキ屋さんで、180円のプリンが20円引きで売られています。これを５個買う
といくらになりますか。１つにまとめた式と、その答えを書きましょう。

② 太郎さんは自転車で、次郎さんはバス、花子さんは徒歩で移動しています。太郎
さんは15km進み、次郎さんは42km進みました。花子さんが歩いた距離は、太郎
さんと次郎さんの進んだ距離の差の半分です。花子さんが歩いた距離を、１つに
まとめた式で出しなさい。また、答えも書きましょう。

No.2

次の計算を工夫して行いましょう。

① 20.5×34

② 10.8×531−10.8×335＋4×10.8

③ 0.1×42×35

No.3

次の式のうち、あっているものをすべて選びましょう。

① ○×□＝□×○

② ○÷□＝（○÷2）÷（□÷2）

③ ○×（□＋△）＝○×□＋△

④ （○×□）×△＝○×□×△

⑤ （○－□）×△＝○×△－□×△

例題解説 🖊

No. 1
解答

① 式：(180−20)×5　　答え：800 円

② 式：(42−15)÷2　　答え：13.5 km

解説

引き算や足し算と、かけ算や割り算は順番をまちがえると答えも大きくずれてしまうので、1つずつ整理しながら出そう。また、式を作って答えを出したら、ありえない数値になっていないか客観的な目で確認しよう。

No. 2
解答

① 20.5×34＝(20+0.5)×34＝20×34+0.5×34＝680+17＝697

② 10.8×531−10.8×335＋4×10.8＝10.8×(531−335+4)＝10.8×200＝2160

③ 0.1×42×35＝0.1×21×2×5×7＝0.1×10×21×7＝21×7＝147

解説

① 0.5は1の半分なので、×0.5は、半分にする（つまり、÷2）、と同じこと。0.5×34を、34÷2と考えると小数点がない分、より早く計算できるよ。

② 共通している10.8でくくろう。

③ 0.1には10をかけると1になるので、42と35を分解して10を作ろう。42にふくまれる2と、35にふくまれる5を使えば、2×5＝10が作れるよ。

No. 3
解答　　①、②、④、⑤

解説

混乱したら、実際の数字で置きかえる。1けたの数字で想像するとわかりやすいよ。

② ○÷□＝(○÷2)÷(□÷2)

6÷2＝(6÷2)÷(2÷2)＝3÷1＝3…正しい

割り算は、割る数、割られる数の両方を、同じ数で割ったりかけたりしても答えは変わらない！

③ ○×(□+△)＝○×□+△

2×(3+4)＝2×3+4…まちがい（左側は14だが、右側は10になる）

過去問チャレンジ！

2 まさきさんの学級では、総合的な学習の時間に、「日本と世界のきずな」をテーマに調べ学習をしています。まさきさんのグループでは、世界の課題に対して、世界の国々が協力して取り組むために決められた持続可能な開発目標（SDGs（エスディージーズ））があることを知り、調べることにしました。次は、まさきさんのグループで、それぞれがこれまでに調べたことについて話している場面の一部です。

ななみ：わたしは、最近「食品ロス」という言葉をよく聞くので、SDGsの目標の「12 つくる責任つかう責任」について調べてみたよ。まだ食べられる食品を捨てることを「食品ロス」と言うの。例えば、〈表〉のように、平成29年度の日本の食品ロス量は、約612万tだったの。そのときの日本の総人口は、約1億2670万人なんだよ。福島県では、「もったいない！食べ残しゼロ推進運動」に取り組んでいるんだよ。わたしは、家の人といっしょに、わたしたちにもすぐにできることを考えてみたの。家にある材料をむだなく使って、料理を作ることにしたよ。おいしい料理が食べられることに感謝して、食べ物を大切にしていきたいね。

〈表〉日本の食品ロス量

	食品ロス量 （単位：万t）
平成24年度	642
平成25年度	632
平成26年度	621
平成27年度	646
平成28年度	643
平成29年度	612

（農林水産省食料産業局「食品ロスの発生量の推移」により作成）

---

(3) ①ななみさんは、平成29年度の日本人1人あたりの食品ロス量が何kgになるかを調べました。ななみさんは、「6120000000÷126700000の計算になるので、61200÷1267で答えを求めることができる。」と考えました。このように工夫して計算することができるのはなぜですか。その理由を言葉や式を使ってかきなさい。

1 数に強くなろう！

Ⅱ　龍太さんと玉美さんは教室でいろいろな問題について考えています。

龍太：この三角形の形をした図にはどんなきまりがあるの？

玉美：□の中の数はその隣どうしの２つの〇の和が書かれているの。例えば、
　　　A＋B＝61ということね。Aにあてはまる数字を答える問題だよ。

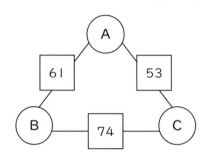

――龍太さんの考え――

　61＋53＋74はAとBとCを２回ずつたした数になります。

　この数を２でわるとAとBとCをたした数になって、ここから74をひくと、

Aの数がわかります。

問4　龍太さんの考えを参考にして、右の
　　　図のFにあてはまる数を答えなさい。

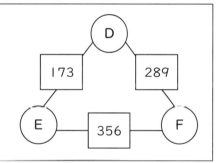

――玉美さんの考え――

　Aを２回たした数は　ウ　を計算して求められます。

　だから、この数を２でわると、Aの数がわかります。

問5　玉美さんの考えにある　ウ　の式を書きなさい。

1 はるかさん、くるみさん、おうきさんの3人が話をしています。

はるか：昨日、計算問題の宿題が出たね。

くるみ：私は問題を解いてから、答えを確かめるために電卓を使ったよ。問題のとおりに数字や記号のボタンを押したら、電卓に表示された結果が、正しい答えにならなかったんだ（表1）。

表1

くるみさんの解いた問題	3×7－2×3＋15
電卓に表示された結果	72
正しい答え	30

おうき：何が起こったのか考えてみよう。

くるみ：私が計算に使った電卓を持ってきたよ（図1）。

図1　くるみさんが持ってきた電卓

はるか：くるみさんの電卓で3、×、7、－、2と押した後、2回目の×を押したときに、もう19という数字に変わっているよ。つまり電卓は、ボタンを押した順番に計算をしているんだね。

おうき：本当だ。ボタンを押す記号や順番を工夫する必要があるね。この電卓を使って3×7－2×3＋15の正しい答えである30を表示させるために、どの順番でボタンを押せばいいか分かった気がするよ。

〔問題1〕　3×7－2×3＋15を電卓で計算し、正しい答えである30を表示させるには、数字や記号をどのような順番で押せばよいか、答えなさい。また、なぜその順番で押せばよいと考えたか説明しなさい。

　　　　　ただし、0から9までの数字と、＋、－、×、÷、＝のみを使うこと。

過去問チャレンジ解説

解答

わり算では、わられる数とわる数を同じ数でわっても、商は変わらない。

わられる数とわる数の両方を100000でわると

61200000000÷126700000は、61200÷1267になるから。

加点チェックポイント！

☑ 割られる数、割る数、両方を同じ数で割っても商（割り算の答え）は変わらないことを知っているよ、というアピールをすること（アピールしないと、知っているかどうか相手に伝わらないよ！）

☑ 両方を100000（0が5個）で割った、という説明があること

No. 2

解答

問4 236

問5 61＋53－74

【別解】(61＋74＋53)－74×2

解説

問4 龍太さんの考え方は、全部の□を足して、2で割り、最後に求めたい場所以外の和を引く、という出し方。

図にすると、以下のように2個ずつのセットになっている。

$$289 = D + F$$
$$356 = E + F$$
$$173 = D + E$$
_____
$$(全部足すと) 818 = DD + EE + FF$$

これを2で割ると、409＝D＋E＋F、つまり3つのアルファベットの和になるね！

ここから、D＋Eの173を引けば、Fだけが残るよ。409－173＝236。

問5 A2個分が求められる、と言っているね。Aだけの数値はまだわからないけど、A＋Bと、A＋Cならわかっているね。そこで、A＋Bと、A＋Cを足し合わせて、A＋A＋B＋Cを作り、そこからB＋Cを引けば、A2個分だけ残すことができる。それぞれ図の数字を当てはめると、

A＋B＝61、A＋C＝53、B＋C＝74なので、61＋53－74をすれば、A2個分だけ残るよ。

No. 3

解答

数字や記号の順番：7、－、2、×、3、＋、1、5、＝とおす

考え方：3×7－2×3は、（7－2）×3と考えることができる。

3×7－2×3の正しい答えである15を電たくで求めるためには

7、－、2、×、3とおせばよい。

よって、7、－、2、×、3、＋、1、5、＝

とおすと、正しい答えである30を電たくで計算し、表示させることができる。

加点チェックポイント！

☑ 3×7と2×3には3が共通していることに注目し、計算の工夫をして×3でくくるため、先に7－2を計算してから3をかける、という説明になっていること。

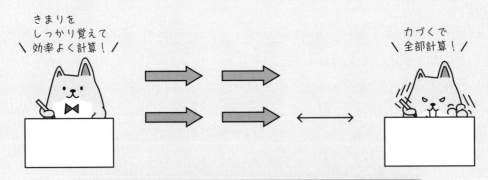

1つ1つの差は数秒でも積み重なると大きな差になるよ！
いろんな技を覚えて時短と正確さを手に入れよう！

偶数と奇数

「にー、しー、ろー、やー……」「いち、さん、ご、なな……」といった数え方でおなじみの、偶数・奇数をマスターしよう！偶数・奇数でグループ分けをしたり、組み合わせたりする問題がたくさん登場するよ。

解法のポイント

- 偶数…2で割り切れる整数のこと
- 奇数…2で割ると1あまる整数のこと
- 1から順に数字を並べたとき、偶数・奇数は1つ飛ばしに登場する

  1 ② 3 ④ 5 ⑥ 7 ⑧ 9……

- 1から順に数字を並べた表を作ると、偶数の列、奇数の列に分かれる

奇数の列	偶数の列	奇数の列	偶数の列
1	2	3	4
5	6	7	8
9	10	11	12
13	14	15	16

- 偶数同士の足し算・引き算の答えも、偶数　例 $2+4=6$
- 偶数と奇数の足し算・引き算の答えは、奇数　例 $2+3=5$

  ただし、奇数が偶数個ある場合は、偶数になる　例 $2+3+3=8$
- 偶数には何をかけても、偶数　例 $2×5=10$
- 奇数と奇数をかけると、奇数　例 $3×5=15$
- 0は偶数
- 1〜Aまでのうち、偶数の個数は、A÷2の商（割り算の答え）で求められる

  例 1〜11の偶数は、$11÷2=5…1$ だから、5個（2・4・6・8・10の5個）
- 偶数の個数がわかれば、奇数の個数は全体から引けば求められる

  例 1〜11の場合、偶数が5個なので、奇数は $11-5=6$ 個

合格のコツを要チェック！

- 適性検査には「偶数に注目してね」というようなヒントはなく、自分で「あ、これは偶数と奇数に分けて考えるんだな！」とひらめかないといけない問題もある。
- 偶数と奇数の組み合わせをしっかり理解していないと解けない問題もある。「あれ…どうだっけ？」と思ったら、2や3などのわかりやすい数字をあてはめてみよう。

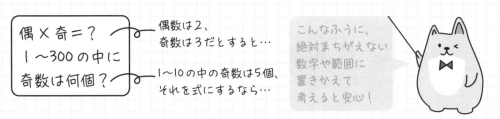

偶×奇＝？
1〜300の中に
奇数は何個？

偶数は2、
奇数は3だとすると…

1〜10の中の奇数は5個、
それを式にするなら…

こんなふうに、
絶対まちがえない
数字や範囲に
置きかえて
考えると安心！

 例題

No.1

次の文章を読み、正しいものに〇をつけましょう。

ア モモが偶数個あり、3人で等しく分けたところ、1人分は奇数になった

イ 6年生のクラスは3クラスあり、人数が偶数のクラスが2つ、奇数のクラスが1つあるとき、6年生全体の人数は奇数である

ウ クラスを2つに分け、AチームとBチームを作った。クラスの全体人数は奇数、Aチームが偶数のとき、Bチームは奇数になる

エ 1から20までの数字をすべて足すと、偶数になる

No.2

1から100まで書かれたカードがあります。偶数のカードと、奇数のカードに分け、偶数のカードの合計と、奇数のカードの合計を比べました。このとき、どちらのカードの和が、どれだけ大きいでしょうか。

解答欄のアには偶数か奇数、イには数字を入れて答えましょう。

No.3

A＋B×C＋D×E×Fという式があり、A〜Fには1〜6の数字を1つずつあてはめます。Aが奇数、式の答えが偶数とわかっているとき、考えられる答えをすべて答えましょう。

No. 1

解答　ア（　）　　イ（○）　　ウ（○）　エ（○）

説明

自分が想像しやすい数字で置きかえるとわかりやすいよ！

ア　モモが偶数個で、3人で分けるから、「6個を3人で分ける」ということにしよう。1人2個ずつ、つまり偶数だね。

イ　偶数のクラスは2人、奇数のクラスは3人ということにしよう（少なすぎるけど、わかりやすさ優先！）。合計は、2＋2＋3＝7人。つまり、奇数だから○！

ウ　クラスの人数を5人としよう。Aチームは偶数だから2人だとすると、Bチームは5－2＝3人になるね。つまり奇数だから○！

エ　等差数列の公式を知っているキミ、ちょっと待って！　せっかく偶数・奇数の単元だから、偶数・奇数の知識で今回は考えてみよう。

1～20までに偶数は20÷2＝10個で、奇数は20－10＝10個あるね。

偶数はいくら足しても偶数になるので、奇数が10個あるとどうなるか、考えよう。

奇数は、偶数個組み合わさると、偶数になる（たとえば、3＋3＋3＋3＝12…偶数）。

つまり、奇数が10個あるということは、全部足すと偶数になるはず。

ということは、偶数と、偶数の和になるから、答えは偶数で決まりなので○！

No. 2

解答　ア：偶数　　　イ：50

説明

1～100の数字は、1（奇）、2（偶）、3（奇）、4（偶）、5（奇）、6（偶）……というふうにならんでいるね！

1と2を比べると、2（偶）の方が1大きい、

3と4を比べると、4（偶）の方が1大きい、

5と6を比べると、6（偶）の方が1大きい、……

こんなふうに、奇数と偶数の数字を2つずつセットにして見比べると、偶数の方が1大きいということがわかるね。

1～100までに、奇・偶数のセットは100÷2＝50セットあるので、1セットにつき1ずつ偶数が大きいことから、全部で1×50＝50、偶数の方が大きくなるよ。

解答　56、64

説明

1～6のうち、偶数は3個（2・4・6）、奇数も3個（1・3・5）ある。

Aに奇数を1つ使ったので、奇数は残り2か所、どこかに入るはず。

D×E×Fは3つの数字のかけ算になっているけれど、3か所のうち奇数は最大でも2つしか残っていないので、D×E×Fのうち少なくとも1つは偶数が入る。つまり、D×E×Fの答えは、必ず偶数になる。

ここまでわかっていることを整理してみよう。

$$\overset{\text{奇}}{\underset{\downarrow}{A}} + \overset{?}{\overbrace{B \times C}} + \overset{\text{偶}}{\overbrace{D \times E \times F}} = \text{偶数}$$

?のところは、奇数になれば奇＋奇＋偶＝偶になるけれど、もし偶なら、奇＋偶＋偶＝奇になってしまい、「答えが偶数」という条件に合わない。

つまり、B×Cは奇数で確定。2つの数字のかけ算で奇数になるためには、BとCはどちらも奇数でないといけないので、次のような関係だとわかる。

$$A(奇) + \overset{\text{奇}}{\overbrace{B(奇) \times C(奇)}} + \overset{\text{偶}}{\overbrace{D(偶) \times E(偶) \times F(偶)}} = \text{偶数}$$

偶数の2・4・6はD・E・Fで決まり。

残った1・3・5については、

Aに1が入るとき…1＋3×5＋2×4×6＝64

Aに3が入るとき…3＋1×5＋2×4×6＝56

Aに5が入るとき…5＋1×3＋2×4×6＝56

よって、答えは、56か64の2通りになるよ。

結婚のお祝いでわたすご祝儀は「2」で割れない枚数に！

昔から奇数は縁起がいいとされて、さまざまな行事が行われてきたよ

3月3日

5月5日

数に強くなろう！

No.1 2021年度静岡県・沼津市共通問題

休み時間に、あさこさんは、偶数と奇数の知識を生かしたクイズを作りました。

[あさこさんが作ったクイズ]

次のA、B、Cの3枚のカードには、それぞれ1から19までの整数のうち、1つの数字が書かれています。

ヒントの①から⑤までを参考に、A、B、Cの3枚のカードにそれぞれ書かれている数字を当ててください。

ヒント
　①A、B、Cの3枚のカードには、それぞれちがう数字が書かれています。
　②A、B、Cの3枚のカードに書かれている数字を合計すると31になります。
　③Bのカードに書かれている数字は、奇数です。
　④Cのカードに書かれている数字は、1から6までのどれかです。
　⑤Bのカードに書かれている数字から、Cのカードに書かれている数字をひくと、8になります。

―――― 問 題 5 ――――
A、B、Cの3枚のカードに書かれている数字を、それぞれ1つずつ書きなさい。

（問3） 出版係は、学級で集めたイラストなどの作品を用紙にはり、簡単な本をつくっています。次の図は、用紙を3枚使った場合の例です。1枚めは**表**にだけ作品をはり、裏は表紙と裏表紙にします。2枚めからは両面に作品をはります。

図（例）

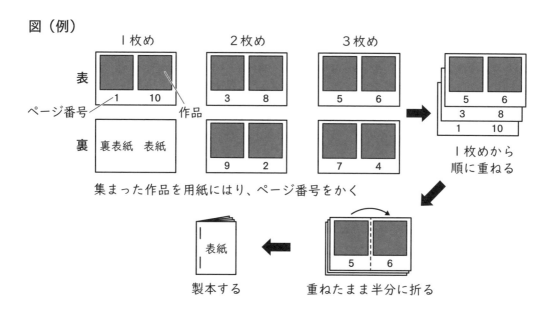

集まった作品を用紙にはり、ページ番号をかく

1枚めから順に重ねる

重ねたまま半分に折る

製本する

この方法で本をつくり、6枚めの**表**のページ番号が11と48になる場合、例を参考にして、次の①・②に答えなさい。

① 用紙は全部で何枚使ったか、書きなさい。

② 12枚めの裏のページ番号は何と何になるか、解答用紙の（　　　　）の中に書きなさい。

過去問チャレンジ解説

No. 1

解答 A：17　　B：11　　C：3

解説

ヒント⑤から、BはC＋8だとわかるね。

また、ヒント③から、C＋8＝奇数になるので、Cも奇数ということになる。

ヒント④から、Cは1～6なので、そのうちの奇数となると、Cは1・3・5のどれかだとわかるよ。

ここからは、仮説を立てて確かめていこう！

Cが1のとき　　Bは1＋8＝9。A＋B＋C＝31なので、Aは31－（1＋9）＝21。
　　　　　　　しかし、カードは19が最大なので、21はありえないよね。

Cが3のとき　　Bは3＋8＝11。この場合、Aは31－（3＋11）＝17。

Cが5のとき　　Bは5＋8＝13。この場合、Aは31－（5＋13）＝13。

すると、BとCが両方とも13になり、条件に合わなくなってしまう…。

よって、条件に合うのはCが3のときだけとなり、Aは17、Bは11となる。

No. 2

解答 ①15（枚）　②37、22

解説

図を見ると、次のことがわかるよ。

✓ 1枚目の表には、最初の1作品目と、最後の作品が左右でならぶこと

✓ どのページも、左右のページ番号の和は等しいこと

✓ 1枚目は2作品、2枚目以降は表裏合わせて4作品ずつのせられること

① ページ番号が11と48だとわかっているので、その和は59です。これは、常に変わらないはず。

ということは、1枚目は、1・58という組み合わせだと考えられる（59－1＝58）。

1枚目の右側は最後の作品になるので、全部で58作品ならんでいるとわかるね。

1枚目は表にだけ2作品、2枚目からは表裏合わせて4作品ずつのせられるので、58作品のせる場合は、表紙の1枚と（58－2）÷4＝14枚、合わせて15枚必要。

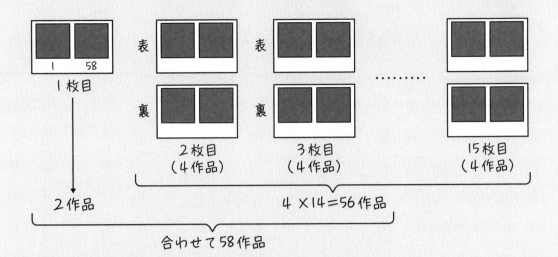

② 裏の右側の面に注目する。1枚目（表紙）は「0ページ」とすると、

1枚目　0ページ
2枚目　2ページ
3枚目　4ページ……

と偶数が続いていくとわかる。

○枚目×2－2がページ番号になっているので、12ページ目の右側は、12×2－2＝22になるはず。

左右の番号の和は①でも出したように59なので、左側は59－22＝37とわかる。

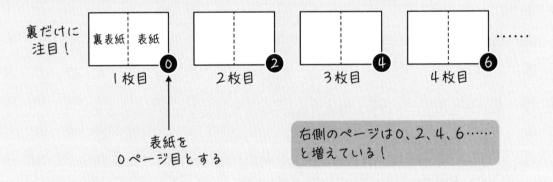

右側のページは0、2、4、6……
と増えている！

4 約数と倍数

カードを並べたり、壁にパネルを貼ったり、かだんに花の苗を植えたり…約数や倍数は様々な問題で登場するよ。日ごろから計算力を高めて、倍数や約数を使いこなせるようにしておこう！

✦✦ 解法のポイント ✦✦

- **倍数**…ある数を、整数倍したもの。たとえば、5の倍数は、5、10、15、20…とどこまでも続く

- **約数**…ある数を、割り切ることができる整数のこと。たとえば、12の約数は、1、2、3、4、6、12

- **公倍数**…複数の数の倍数のうち、共通する倍数のこと。たとえば、2と3の公倍数は6、12、24…と続く。この中で最も小さい公倍数の6を、「最小公倍数」と呼ぶ

- **公約数**…複数の数の約数のうち、共通する約数のこと。たとえば、16と28の公約数は、1と2と4。この中で最も大きい公約数の4を、「最大公約数」と呼ぶ

- 1〜Aまでの中に、Bの倍数の個数はA÷Bの商で出すことができる
  例 1〜10までの中に、3の倍数は10÷3＝3あまり1、つまり3個（3・6・9）

- **倍数を見分けるコツ**
  3の倍数➡各けたの数字をすべて足すと3の倍数になる
  5の倍数➡1の位が0か5
  9の倍数➡各けたの数字をすべて足すと9の倍数になる

👆 合格のコツを要チェック！

- 倍数や約数の問題は、「とにかく書き出す！」という気合いで解ける問題もあるよ。もちろんそうやって書き出して確かめることも大切だけど、倍数や約数の性質をよく覚えて計算で求められるようにしておこう。

- ただし、計算で求められたからといって満足してはいけないよ。思わぬひっかけもあるから、ちゃんと図や表を自分でも書いて情報を整理しようね！

例題

No.1

① 白いメダカが45匹、黒いメダカが63匹、ラメ入りメダカが27匹います。
3種類のメダカをできるだけ多くの水そうに分けるとき、1つの水そうにはそれぞれ何匹ずつ入れることができるでしょうか。どの水そうも種類ごとの差がないように分け、また、余るメダカはいないものとします。

② メダカの水そうに入れるミナミヌマエビが29匹います。家にある水そうにできるだけ多く、同じ数になるよう入れたところ、5匹余りました。このとき、水そうの数として考えられる数をすべて書きましょう。なお、1つの水そうに2匹以上は入れるものとします。

No.2

① たて14cm、横35cmのタイルがあります。このタイルを組み合わせて作れる最も小さな正方形の一辺は何cmでしょうか。また、その正方形に使われるタイルの枚数も出しましょう。

② たて36cm、横45cmの長方形を、いくつかの同じ大きさの正方形に分けようと思います。このとき、分けることのできる正方形の中で最も大きなものは、一辺何cmでしょうか。

No.3

上皿てんびんと、2gの分銅と3gの分銅が2個ずつあります。てんびんの左右どちらにでも分銅をのせることができるとき、1〜10gの中ではかることのできない重さは何gでしょうか。

例題解説

No.1

解答

① 白：5匹　黒：7匹　ラメ：3匹

② 6、8、12

解説

① 45、63、27の公約数は、3と9。できるだけ多くの水そうに分けたいと言っているので、9つの水そうに分けたと考える。

45÷9＝5匹（白）、63÷9＝7匹（黒）、27÷9＝3匹（ラメ）、というふうに分けると、にぎやかな9つの水そうが完成だね！

② 29匹いて、5匹余ったということは、24匹を水そうに入れたということ。いくつ水そうがあるかまだわからないけれど、24匹を等しい数になるよう分けたということなので、水そうの数は24の約数だとわかる。

24の約数は、1、2、3、4、6、8、12、24だね！

また、エビの数と、水そうの数を式に表すと、次のようになる。

29÷水そうの数＝1つの水そうに入れる数…5匹

ということは、「水そうの数」は、5よりも大きいはず。

「え？　どうして？」と思う人は想像してみよう。たとえば、水そうの数が3つしかなかったら、余った5匹をさらにもう1匹ずつ、水そうに分けられるはずだよ！

ということで、24の約数のうち、5よりも大きい6、8、12、24が候補だね。

ただし、24も水そうがある場合、1つに1匹ずつしか入れられず条件に合わないので、24以外が答えとなる。

No.2

解答

① 70cm　10枚

② 9cm

説明

① 14cmと35cmの最小公倍数は、70cm。

たては70÷14＝5枚、横は70÷35＝2枚並べられるので、

全部で5×2＝10枚必要。

② 正方形に分けるということは、たて、横、同じ長さずつ区切ったということ。
　　36 の約数 ➡ 1、2、3、4、6、9、12、18、36
　　45 の約数 ➡ 1、3、5、9、15、45
　　この中で共通する長さのうち、最も大きいのは、9cm

No.3

解答

9 g

説明

2gの分銅が2個あるので、2、4gははかることができる。

3gも同じく2個あるので、3、6gははかることができる。

この4通りの重さを組み合わせて、5g（2＋3）、7g（4＋3）、8g（2＋6）、10g（4＋6）もはかることができる。

また、片方に2g、もう片方に3gをのせることで、差の1gもはかることができる。

よって、はかることができないのは9gのみだとわかるね。

差を利用すれば1gもはかれる！

過去問チャレンジ！

123+

No.1 2022年度岡山県立岡山大安寺中等教育学校

(2) ⓪、①、②、③、④、⑤、⑥、⑦、⑧の9枚のカードがあります。これらのカードを太郎さん、花子さん、進さんの3人に、それぞれ3枚ずつカードが余らないように配りました。その結果、表1のようなことがわかりました。このとき、3人が持っているカードの数字の組み合わせとして考えられるものを1つ選んで答えましょう。

表1 それぞれが持っているカードの数字からわかったこと

太郎	3つの数字がすべて偶数で、3つの数字の積が0になる。
花子	3つの数字の積が21の倍数で、3つの数字の和は奇数になる。
進	3つの数字の積の一の位の数字が0で、3つの数字の積を3でわるとわり切れる。

No.2 2021年度大阪府立富田林中学校（改題）

2 次の【手順】によって、整数がかかれたカードを | ア | 〜 | カ | の箱に分けます。
例えば、1から12までの整数がかかれた12枚のカードを【手順】によって | ア | 〜 | カ | の箱に分けると、それぞれの箱に分けられたカードはあとの【分けられた12枚のカード】のようになります。

この【手順】を使ったあとの問題に答えなさい。

【手順】

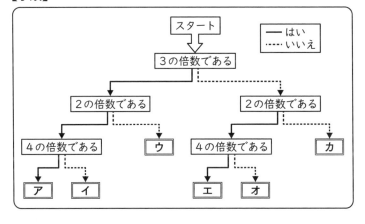

【分けられた12枚のカード】

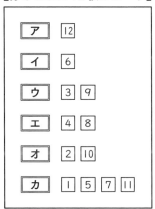

問題　1001から2021までの整数がかかれた1021枚のカードを【手順】によって | ア | 〜 | カ | の箱に分けるとき、 | ア | の箱に分けられたカードにかかれている整数のうち、最小の整数を求めなさい。

No. 1

解答

太郎さんのカード：0、4、8

花子さんのカード：1、3、7

進さんのカード　：2、5、6

【別解】

太郎さん：0、2、4　　花子さん：1、3、7　　進さん：5、6、8

太郎さん：0、2、8　　花子さん：1、3、7　　進さん：4、5、6

解説

まず、確実にわかることを書き出そう！

✓ **太郎さん**　積が0なので、0を持っている（0、偶数、偶数）。

✓ **花子さん**　積が21の倍数なので、3の倍数と、7を持っている。

✓ **花子さん**　和が奇数なので、候補は（3、7、奇数）か、（6、7、偶数）の2通り。

✓ **進さん**　積の1の位が0なので、5と偶数を持っている。

✓ **進さん**　積が3で割れる、つまり3の倍数であることから、3か6を持っているとわかる。候補は（3、5、偶数）か、（5、6、偶数・奇数どちらでも）の2通り。

花子さんは（3、7、奇数）か（6、7、偶数）の2通り。それぞれに分けて考えていこう。

花子さんが（3、7、奇数）のとき

進さんは3が使えなくなったので、（5、6、？）に決定。

また、太郎さんは（0、偶数、偶数）。

ここまでで確定したカードは、0、3、5、6、7。

余っているカードは、1、2、4、8になるね。

このとき、奇数は1だけなので、花子さんは（1、3、7）で確定だよ。

残った2、4、8を太郎さんと進さんで分ける（どれを選んでも条件に合うよ）。

花子さんが（6、7、偶数）のとき

進さんは6が使えなくなったので、（3、5、偶数）に確定。

また、太郎さんは（０、偶数、偶数）。

ここまでに確実に使ったカードは、０、３、５、６、７。

余っているカードは、１、２、４、８だね。

花子さんに偶数１枚、進さんに偶数１枚、太郎さんに偶数２枚、合計４枚の偶数が必要。

しかし、余ったカードに偶数は３枚しかないので、話が成り立たないね。

ということで、花子さんが（６、７、偶数）はありえない、ということがわかるよ。

No. 2

解答

1008

解説

アに入るのは、３の倍数のうち、２の倍数のもので、さらに４の倍数でもある数字が入っているはず。

３の倍数のうち２の倍数というのは、つまり６の倍数ということ。

さらにその中で４の倍数ということは、６と４の最小公倍数は12なので、12の倍数だとわかるね。

1001以上の数で最も小さな12の倍数を出したいときは、まず「だいたい1000くらいになりそうな数字」を出してみよう。

たとえば、12×80＝960、まだ少し足りない。

12×85＝1020、今度は越えてしまったね。

でも、12巻きもどせば、同じく12の倍数であることはまちがいないはず。

1020−12＝1008。これ以上巻きもどすと1001より小さくなってしまうので、これが最小となる。

念のため、割って検算してみると、1008÷12＝84。

ちゃんと割り切れたので、まちがいなく12の倍数だとわかるね。

最後まで自分の答えを疑って、「ホントかな？」「計算ミスじゃないかな？」と確認してね！

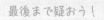

最後まで疑おう！

完璧にできたー！！

実際まちがっている解答…

5 割合
（わりあい）

適性検査で最も重要な単元、「割合」。○倍、△分の1、□割…といった表し方は、算数だけでなく理科や社会の分野でも大量に出てくるよ。もとにするもの、比べるもの、混乱しないように手を動かしながら整理していこう。大きさの割合を表す「比」は別の章であつかうから、ここでは割合の出し方の基本をマスターしよう！

✦✧ 解法のポイント ✦✧

- **割合**…AはBの何倍か、BはAの何倍か、というふうに比べたい量がもとの量の何倍かを表した数のこと。**比べる量÷もとにする量で計算する**

  例 200円の商品が160円になったら、160÷200＝0.8倍になった、と表す

- **3つの式を使いこなそう**
  ① 比べる量÷もとにする量＝割合（200円が160円になったら、160÷200＝0.8倍）
  ② もとにする量×割合＝比べる量（200円の0.8倍は、200×0.8＝160円）
  ③ 比べる量÷割合＝もとにする量（160円がもとの値段の0.8倍のとき、もとは160÷0.8＝200円だった）

- **百分率（％）**…割合の表し方の1つ。0.01倍＝1％と表す

- **歩合**…割合の表し方の1つ。0.1倍＝1割、0.01倍＝1分と表す

👉 合格のコツを要チェック！

- 割合は、「小さい数字÷大きい数字」が多い。でも、小さい数字を大きい数字で割るのって、割り切れなさそうだし、なんだかめんどうな感じがするよね…。だから、つい無意識に「大きい数字÷小さい数字」をしてしまう子がよくいる。どちらが「もとになる量」で、どちらが「比べる量」なのか、混乱しないでね。迷ったときは、図にしてみよう。大きく2つのパターンがあるよ！

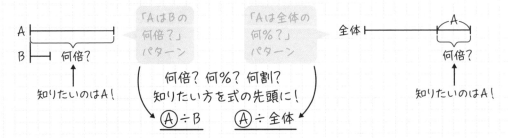

例題

No.1

すべて整数もしくは小数で答えましょう。

① 茶色の柴犬が12匹、黒い柴犬が9匹います。黒い柴犬の数は、茶色の柴犬の数の何倍ですか。

② おこづかいが、500円から25%アップしました。いくらになりましたか。

③ 本を40ページ読みました。これは、本全体の25%にあたるようです。この本は全部で何ページありますか。

No.2

みおさんは、300円につき1枚使用できる60円割引券を5枚持って、本屋さんに国語辞典を買いに行きました。ところが、本屋さんでは2000円以上の商品を買うと15%引きになるキャンペーンが開さいされていたため、割引券を使う場合と、キャンペーンを利用する場合を比べ、お得になる割合が最も高い方法を選ぼうと考えました。A、B、Cの3種類のうち、どの辞書を、どの方法を使ってこう入すれば、お得になる割合が最も高くなるでしょうか。なお、キャンペーンの割引と割引券は同時に使うことはできないものとします。

辞書の候補　　　A：2500円　　　B：1900円　　　C：2000円

キャンペーン中
2000円以上の商品をお買い上げの場合、レジにて15%引きいたします！

割引券　60円引き
※お買い上げ金額300円につき1枚使用できます。

×5枚

No.3

りく君は、近所のコンビニに買い物に行ったとき、キャッシュレス決済による支払いをしている人をたくさん見かけました。興味がわいたので店長さんに聞いてみると、2020年にはキャッシュレス決済の利用はお客様全体の4.2%だったのが、2022年には18%に増えたと教えてもらいました。

キャッシュレス決済の利用者数は、2022年と2020年を比べると、どのくらい増えたでしょうか。割合を使って答えましょう。なお、2020年に比べて2022年は、お客様の数が7割に減少したとします。

例題解説

No. 1

解答

① 0.75（倍）

② 625（円）

③ 160（ページ）

解説

① 「黒い柴犬の数は茶色の柴犬の数の何倍？」と
聞かれているね。
知りたいのは黒の方だから、黒÷茶！
9 ÷ 12 = 0.75 倍

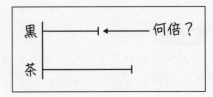

② 500 円の 25%なので、500 × 0.25 = 125 円増えた。
500 + 125 = 625 円

③ 40 ページが全体の 25%なので、全体 × 0.25 = 40 ページ、という計算になる。
よって全体は、40 ÷ 0.25 = 160 ページ。
25%は $\frac{1}{4}$ であることを利用して、$\frac{1}{4}$ が 40 ページだから、全体は 40 × 4 = 160
ページ、と出すのもスマートだね！

No. 2

解答

選んだ辞書：B
利用するもの：割引券

説明

15%割引キャンペーンが使えるのは、2000 円以上の A と C のみ。B は 2000 円未満
なので、キャンペーンは使えないね。
次は 60 円の割引券を使う場合を考えよう。300 円につき 1 枚使用でき、5 枚持って
いるから、最大で 300 × 5 = 1500 円以上のとき、60 × 5 = 300 円分割り引いても
らえる。どの辞書も 1500 円以上なので、5 枚全部使うことができるね！
では、割引額は全体の何%になるか計算して、15%割引キャンペーンを使う場合と
比べてみよう。

Aに使う場合　300 ÷ 2500 = 0.12　　➡ 12%
Bに使う場合　300 ÷ 1900 = 0.1578…　➡ 約15.8%
Cに使う場合　300 ÷ 2000 = 0.15　　➡ 15%

ということで、割引券をBに使う場合、割引される割合は最も高くなり、一番お得と言える。

No.3

解答

3倍

解説

お客様の数はくわしく書かれていないので、2020年を1000人、と仮置きしよう。
2022年は7割になった、と言っているので、1000 × 0.7 = 700人に減ったことになる。
また、キャッシュレス決済の利用者は、次のようになる。

2020年　1000 × 0.042 = 42人
2022年　700 × 0.18 = 126人

126 ÷ 42 = 3倍に増えたとわかるね。

私もキャッシュレス
決済利用してるよ

スマホ、
いいな…

過去問チャレンジ！

(2)　やよいさんは、過去5年の「ふるさと祭り」の来場者の年齢層について調べています。**表1**は、それぞれの年齢層の来場者の割合で、**表2**は表1の0歳から19歳までを学校の種類別の来場者の割合にまとめたものです。あとの問い①、②に答えましょう。

表1　それぞれの年齢層の来場者の割合

年齢層(歳)	0〜19	20〜39	40〜59	60〜
割合(%)	42	19	27	12

表2　0歳から19歳までの学校の種類別の来場者の割合

来場者	小学生	中学生	高校生	大学生	その他
割合(%)	40	25	10	5	20

①　全ての来場者数を1000人とすると、小学生は何人か答えましょう。

②　やよいさんは、2つの表からわかることを次の**ア**〜**エ**のようにまとめました。**ア**〜**エ**の中には1つだけ誤りがあります。誤りがあるものを1つ選び、記号で答えましょう。

　　ア　小学生の来場者数は、中学生の来場者数の1.5倍より多い

　　イ　20歳から39歳までの来場者数は、40歳から59歳までの来場者数より少ない

　　ウ　中学生の来場者数は、20歳から39歳までの来場者数より多い

　　エ　小学生の来場者数は、40歳から59歳までの来場者数より少ない

課題2

ゆうきさんは、夏休みの自由研究について、あいりさんと話をしています。

会話1

> ゆうき：私の自由研究のテーマは「水の使用量について」だよ。
>
> あいり：資料1 から、水はさまざまな目的で使われていることが分かるね。
>
> ゆうき：グラフ を見てよ。私の家と一般家庭で「ある一日の水の使用量」を比べてみたんだ。
>
> あいり：ゆうきさんの家は、一般家庭よりも水を多く使っているね。
>
> ゆうき：そうなんだ。特に、「風呂」の水の使用量を比べてみると、
>
> .... ということが分かったよ。

資料1 （一般家庭の水の使用量の割合）

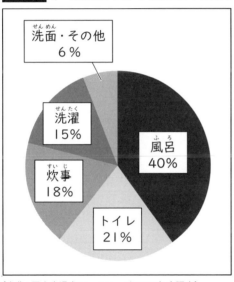

（出典：国土交通省ホームページ2015年度調査）

グラフ （ある一日の水の使用量）

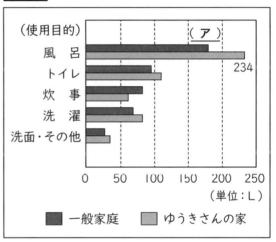

※ 一般家庭の「ある一日の水の使用量」（使用目的の合計）は450Lとします。

問い1 グラフ の（ア）にあてはまる数を、資料1 を参考にして答えてください。

問い2 会話1 の .... にあてはまる文章を割合を使って答えてください。

過去問チャレンジ解説

No. 1

解答

① 168人

② ウ

解説

① 表1から、1000人の来場者のうち、42%が0〜19歳とわかる。

1000×0.42＝420人…0〜19歳の人数

表2から、そのうちの40%が小学生だから、420×0.4＝168人

② 「誤りがあるものを1つ選ぶ」という指示に注意しよう！

ア　割合を見ると、小学生は40%、中学生は25%だとわかる。「小学生の来場者数は中学生の来場者数の何倍か」を知りたいので、40÷25＝1.6倍。

よって、アは正解。

イ　表1を見ると、20〜39歳は19%、40〜59歳は27%なので、イは正解。

ウ　全体の来場者数を1000人とすると、20〜39歳は1000×0.19＝190人。

中学生は、①の考え方を使うと、420×0.25＝105人。

中学生の方が少ないので、ウは誤り。

エ　全体の来場者数を1000人とすると、40〜59歳は1000×0.27＝270人。

小学生は、①で出したように168人なので、270人より少ない。

よって、エは正解。

No. 2

解答

問い1　180

問い2　一般家庭の130%である（一般家庭の1.3倍である）

解説

問い1　グラフの下の方に、全体が450Lであることが小さく書かれてあるね。

風呂は全体の40%なので、450×0.4＝180Lだとわかるよ。

問い2　グラフを見ると、一般家庭の風呂の使用量は先ほど出した180L、ゆうきさんの家では234L使用しているとわかる。「割合を使って答えて」と言わ

れているので、「ゆうきさんの家の使用料の割合」を求めよう。234÷180＝1.3倍だとわかるね。％で答える場合は、1.3＝130％だよ。

クッキーの大きさも30％オフになっているような…？？

適性検査は「情報整理」がカギ！

第2章

図形と仲良くなろう！

さまざまな図形

　ここでは、いろいろな形の図形の基本をおさえよう！ 角度のきまりや面積の求め方もしっかり覚えておこう。次の章からその知識を使った応用問題が始まるから、ここで完璧にしておこうね。

✧✦ 解法のポイント ✧✦

図形の種類

	三角形		
面積	底辺×高さ÷2		
角度	3つの角度を合わせると180°		
名前	正三角形	二等辺三角形	直角三角形
	2つの辺の和は、もう一辺の長さより必ず大きくなる		
特徴	3つの辺の長さ 3つの角 }等しい	二辺の長さ 2つの角 }等しい	1つの角が90° 残りの角の和も90°

名前	正方形	長方形	ひし形	台形	平行四辺形
面積	一辺×一辺	たて×横	対角線×対角線÷2	(上底＋下底)×高さ÷2	底辺×高さ
角度	4つの角度を合わせると360°				
特徴	すべての辺の長さが等しい角はすべて90°	向かい合う辺の長さが等しい	すべての辺の長さが等しく、対角線が垂直に交わる	一組の向かい合う辺がたがいに並行	向かい合う辺が二組とも並行。台形のなかま

名前	円	おうぎ形	正多角形
面積	半径×半径×円周率	半径×半径×円周率×$\frac{中心角}{360}$	いくつかの三角形に分け、それぞれの面積を出し合計する
特徴	中心は一周360°。円周率は3.14で計算することがほとんど		辺の長さがすべて等しく、いくつかの三角形に分けることができる。内角の和は、1つの頂点と、そのとなり以外の頂点をむすんだ線でできる三角形の個数×180°

（図：円 — 中心、半径、直径）
（図：おうぎ形 — 半径、中心角）
（図：正多角形 — いくつかの三角形に分けられる）

2　図形と仲良くなろう！

- 適性検査では、「この平行四辺形の面積は？」というような単純な計算問題はあまり出ない。各図形の特徴をしっかり理解したうえで、組み合わせたり、向きを変えたりして解くような問題が多い。
- 「知っているはず」という前提で複雑な問題が出されるのでびっくりするけど、学校で習った知識を使えば必ず解けるようになっているよ。何事も基礎が大事！

例題

No. 1

次の図形の色がついている部分の面積を求めましょう。

（1）

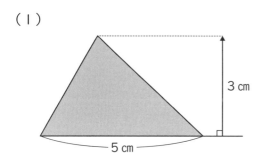

（2）

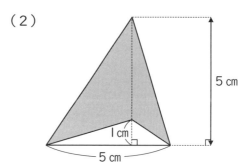

（3）

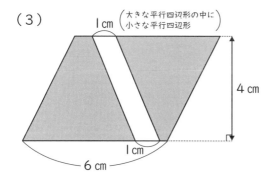

（4）

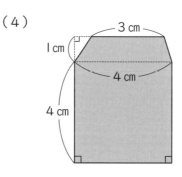

（5）

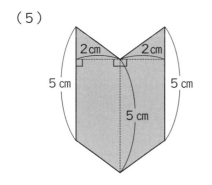

（6）

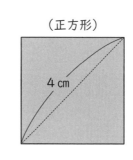

No.2

次の図の角度を求めましょう。

（1）

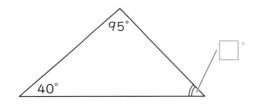

（2）

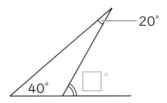

（3）

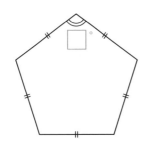

（4）

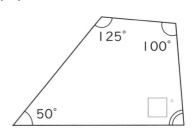

No.3

一辺が1cmの正方形の面積を、1cm²（平方センチメートル）と表します。

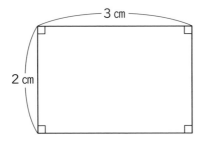

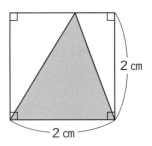

（1）左側の図形を見てください。この長方形の面積は、2×3＝6cm²と出すことができます。なぜこのような式になるのか、言葉で説明しましょう。必要があれば図を使っても構いません。

（2）右側の図形を見てください。この三角形の面積は、2×2÷2＝2cm²と出すことができます。なぜこのような式になるのか、言葉で説明しましょう。必要があれば図を使っても構いません。

例題解説

No.1

解答

（1）7.5cm²　（2）10cm²　（3）20cm²　（4）19.5cm²　（5）20cm²　（6）8cm²

解説

（1）$5 × 3 ÷ 2 = 7.5cm²$

（2）大きな三角形から、内側の小さな三角形を引こう。

　　　$5 × 5 ÷ 2 - 5 × 1 ÷ 2 = (5 - 1) × 5 ÷ 2 = 10cm²$

（3）ななめに横切っている道のような部分は、底辺1cm、高さ4cmの平行四辺形。

　　　$6 × 4 - 1 × 4 = 20cm²$

（4）下側の正方形と、上の台形に分けて計算し、足し合わせよう。

　　　$4 × 4 + (4 + 3) × 1 ÷ 2 = 19.5cm²$

（5）2つの平行四辺形が左右に組み合わされているね！

　　　$5 × 2 × 2 = 20cm²$

（6）正方形も、ひし形と同じ方法で面積を求めることができるよ。よく使うので、
　　　覚えておこう！

　　　$4 × 4 ÷ 2 = 8cm²$

No.2

解答

（1）45°　（2）60°　（3）108°　（4）85°

解説

（1）三角形の3つの角の和は180°なので、$180 - (95 + 40) = 45°$。

（2）まず、○の部分の角度を出そう。

　　　$180 - (40 + 20) = 120°$。
　　　次に、求めたいところは○と同じ一直線
　　　上（180°）にあるから、$180 - 120 = 60°$。
　　　このスリッパのような形は、次の角度の
　　　章でもう少しくわしく取り上げるよ！

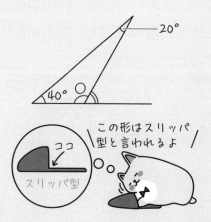

この形はスリッパ
型と言われるよ

ココ

スリッパ型

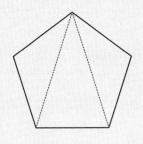

（3）5つの辺の長さが等しい正五角形だね。
右図のように頂点と頂点を結ぶ線を引くと、3つの
三角形に分けることができる。正五角形の内側の角
はすべて合わせると三角形3つ分、180×3＝540°だ
とわかる。正五角形は5つの角がすべて等しいので、
1つの角は、5で割れば出るよ。

　　540÷5＝108°

（4）いびつな形だけど四角形には変わりないので、4つの角の和は360°。
3つの角の大きさはわかっているので、全体から引けば答えが出るよ。

　　360－（50＋125＋100）＝85°

No.3

解答

（1）図のように、1cmごとに線を引き小さい正方形
に分けると、たてに2個、横に3個ならんでい
るので、1cm²の正方形が2×3個あると考えら
れるから。

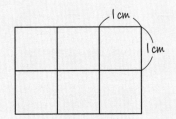

（2）三角形は、底辺と高さが変わらなければ面積も
変わらないので、図のように頂点を移動させる
と、正方形の半分と考えることができる。正方
形は2×2で求められるので、三角形の面積は、
2×2の半分、つまり2×2÷2という式で求
めることができる。

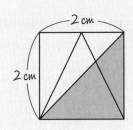

「三角形は、底辺と高さ
が変わらなければ面積も
変わらない」、
コレ大事だよ！

過去問チャレンジ！

No.1 2021年度仙台市立仙台青陵中等教育学校（改題）

2 さとしさんとみちこさんが、それぞれ考えた算数の問題について話をしています。あとの問題に答えなさい。

みちこさん　私は、正方形と円の間の面積を求める問題を考えたわ。面積を求めるにはちょっとした工夫が必要なの。

さとしさん　ぼくは、**ア**三本の棒で三角形を作る問題を考えているんだ。2㎝、3㎝、6㎝の棒では三角形が作れないんだよね。

みちこさん　どうしてかな。三角形が作れるときには、**イ**棒の長さに決まりがあるのかしら。

（1）　下線部**ア**「三本の棒で三角形を作る問題」とあります。

　　2㎝、3㎝、4㎝、6㎝、8㎝の棒が1本ずつあり、その5本の棒の中から3本の棒を使って、三角形を作るとき、あとの①、②の問題に答えなさい。

① さとしさんは、2㎝、3㎝、4㎝の棒を使って**図**の三角形を作りました。このほかに、三角形を作れる3本の棒の長さの組を2つ答えなさい。ただし、棒は、はしとはしをくっつけることとし、太さは考えないものとします。

図

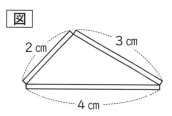

② 下線部**イ**「棒の長さに決まり」とあります。3本の棒で三角形が作れるときの、3本の棒の関係について、次の 　　　　　　 にあてはまる言葉を答えなさい。ただし、 　　　　　　 には同じ言葉が入ります。

> 最も長い棒の長さと、 　　　　　　 の長さを比べたとき、 　　　　　　 の長さの方が長くなるときに三角形が作れる。

【問1】 緑さんは、最近、スポーツやアニメで、よく目にする※和柄模様に興味を持ち、豊さんや学さんと話をしています。各問いに答えなさい。

※和柄模様　日本に古くから伝わる模様で、「図形や線などをある規則で並べた模様」や「自然を表現した模様」などがある。

緑さん：東京オリンピックのエンブレムは、「市松模様」【図1】という和柄を利用してかかれているそうです。この市松模様は、合同な正方形をしきつめてつくられています。

豊さん：市松模様をよく見ると、ァいろいろな大きさの正方形を見つけることができますね。その中にある、いちばん小さい正方形の数には、規則がありそうです。学さんは、どのような模様について調べましたか。

【図1】

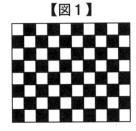

学さん：日本のアニメで見た「麻の葉模様」【図2】について調べてみました。この模様は、合同な二等辺三角形をしきつめてつくられていることがわかりました。

【図2】

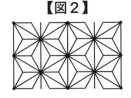

緑さん：麻の葉模様の中に、【図3】のように合同な二等辺三角形を3つしきつめてつくられた三角形を見つけることができました。

学さん：【図3】の三角形ABCは正三角形であると言えます。その理由は、　　イ　　だからです。

豊さん：学さんの説明から、正三角形ABCの周りに、三角形ABDと合同な二等辺三角形を3つしきつめてつくられる【図4】の六角形も正六角形であるといえます。

【図3】　【図4】

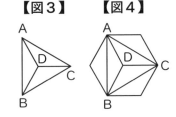

緑さん：私は、【図4】の正六角形が麻の葉模様にしきつめられていることに気づきました。麻の葉模様の中に、正六角形になる線を太くなぞると、【図5】のようになりました。

【図5】

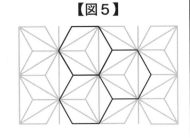

学さん：ゥ麻の葉模様の中にしきつめられている合同な図形を、他にも見つけることができそうです。

豊さん：ェどのような正多角形なら、しきつめて模様をつくることができるか、考えてみたいです。

（1）下線部**ア**について、豊さんは、次の①～⑤の正方形について調べ、【表】にまとめました。この表を見て、①～⑤の正方形と同じように並べた⑨の正方形について、表のＡ～Ｄに当てはまる数を書きなさい。

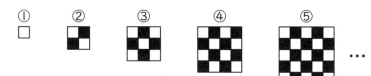

【表】

正方形	①	②	③	④	⑤	…	⑨
たてに並んでいる正方形の数（個）	1	2	3	4	5	…	Ａ
いちばん小さい正方形の数（個）	1	4	9	16	25	…	Ｂ
□の正方形の数（個）	1	2	5	8	13	…	Ｃ
■の正方形の数（個）	0	2	4	8	12	…	Ｄ

（2）会話文中の　**イ**　に当てはまる理由を簡潔（かんけつ）に書きなさい。

（3）下線部**ウ**について、麻の葉模様にしきつめられている合同な図形を、二等辺三角形、正三角形、正六角形**以外の図形から**2種類探（さが）し、その図形を【図5】のように3つ以上なぞりなさい。

下線部**エ**について、豊さんは、正多角形の模型（もけい）を使って調べてみたところ、正三角形と正方形、正六角形は、しきつめることができたものの、正五角形は、しきつめられないことがわかりました。

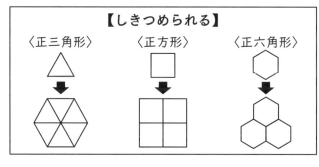

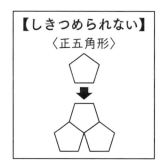

（4）豊さんは、図形をしきつめられるかどうかは、「しきつめたときに1つの点に集まる角の大きさ」に関係があると考えました。このとき、正三角形と正方形、正六角形がしきつめられる理由と、正五角形がしきつめられない理由を、それぞれの図形の1つの角の大きさを示して説明しなさい。

過去問チャレンジ解説

No. 1

解答

① 3㎝、4㎝、6㎝ と 4㎝、6㎝、8㎝

【別解】 3㎝、6㎝、8㎝

② ほかの2つの棒の合計

解説

三角形の辺の組み合わせには、条件がある。たとえば下の図のように、二辺の和が残った一辺より小さいと、三角形を作ることができない。

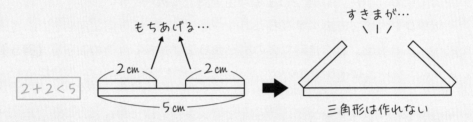

今、ある棒は2、3、4、6、8㎝なので、組み合わせるのは、
【2、3、4】、【3、4、6】【3、6、8】、【4、6、8】の4通り。
このうち、【2、3、4】は例として使われているので、これ以外の3通りから2つ選んで答えよう。

No. 2

解答

（1） A：9　B：81　C：41　D：40

（2） 3つの辺の長さがすべて等しいから

　　　【別解】3つの角の大きさがすべて等しいから

（3） ひし形　　　　　　　　　　台形

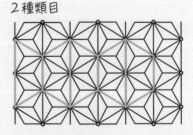

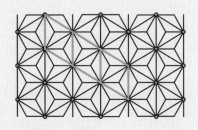

平行四辺形もしきつめ図形になりうる。

ひし形、台形とあわせた3種類の中から2種類挙げられたら正解扱いだよ。

（4）【正三角形と正方形、正六角形がしきつめられる理由】

1つの角の大きさは、それぞれ正三角形が60°、正方形が90°、正六角形が120°で、どれも360°を割り切れるから、1つの点に角を集めたときに、すきまなくしきつめることができる。

【正五角形がしきつめられない理由】

正五角形の1つの角の大きさは108°で、これは360°を割り切ることができないから、1つの点に角を集めたときにすきまができて、しきつめられない。

解説

（1）あらためて、表を見てみよう！

正方形	①	②	③	④	⑤	…	⑨
たてに並んでいる正方形の数（個）	1	2	3	4	5	…	A
いちばん小さい正方形の数（個）	1	4	9	16	25	…	B
□の正方形の数（個）	1	2	5	8	13	…	C
■の正方形の数（個）	0	2	4	8	12	…	D

Aの行、「たてに並んでいる正方形の数」は、正方形の番号（①、②、③…）とまったく同じになっているね。ということは、Aに入るのは上の⑨と同じ、9となる。

次にBを見てみよう。Bの行は、たてに並んだ個数と、横に並んだ個数をかけあわせた数になっている（面積の出し方と同じだね！）。だからBに入るのは、9×9＝81だとわかる。

次に、CとDの行を見てみよう。同じ列に注目すると、□の数と、■の数を足したのが、Bの行の数になっているね！たとえば、②の列なら2＋2＝4、③の列なら5＋4＝9…というように、和がいちばん小さい正方形の数になっている。

また、正方形の番号が奇数（①、③、⑤…）のときは、□が1個多く、番号が偶数（②、④、⑥…）のときは、□と■の数は等しくなっている。

⑨は奇数なので、□が1個大きくなるようにCを決めよう。和（B）は81だったので、81÷2＝40…1、Cが41、Dが40だとわかるね。

（2）図3は、緑さんの言葉から同じ二等辺三角形を3つ集めて並べた図形だとわかる。右図のように、AB、BC、CAの長さはすべて同じなので、正三角形と言える。また、A、B、Cすべての角も等しいので、正三角形と言える（3つの辺が等しい、もしくは3つの角が等しい、のどちらかだけがわかれば、正三角形と言うことができる）。
空欄イに当てはめて変な日本語になっていないか、最後に確認しよう。

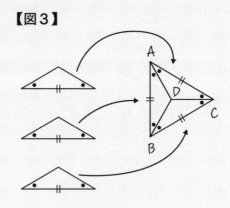

【図3】

（3）解答の図のように、「その図形1種」のみですべてしきつめられる図形が3枚以上なぞられていれば正解。

（4）しきつめられる、ということは、その図形だけでぐるっと一周360°を作れるということ。たとえば、ケーキやピザを想像してみよう。もともとの形が円形のとき、切り分けたときの中心の角をすべてあわせると360°になるはずだよね。正三角形は1つの角が180÷3＝60°だから6枚合わせると、360°を作ることができる。
同じように、正方形なら4枚、正六角形なら3枚で360°を作ることができるので、すきまなくしきつめられる。
でも、正五角形は1つの角が108°なので、どうしても360°を作ることができず、すきまができてしまうというわけなんだ。

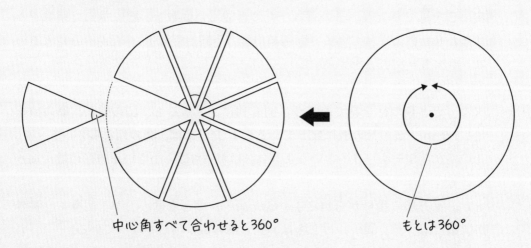

中心角すべて合わせると360°　　　　もとは360°

2 角度（かくど）

この章では、前回の図形の基本から少し発展させて、覚えておいた方がいい角度の求め方をいろいろと紹介するよ！

解法のポイント

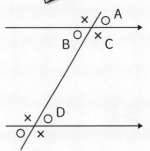

- **同じ角度を探す**…平行な2本の線と、それを区切る線を引いたとき、AとBのように向かい合う角は等しくなる。また、BとDのようなZの形でできる角度も等しくなる。なお、BとCのように、一直線上にある角度は合わせると180°になる

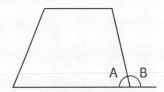

- **内角と外角**…右図のAのように、線で囲まれた図形の中にある角度を内角、Aを作る辺をまっすぐのばしたときにできる外側の角（図のB）を「外角」と呼ぶ。一直線上にある内角と外角は足すと180°になる

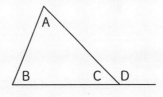

- **三角形の内角と外角**…三角形の内角の和は180°なので、右図のAとBとCを足すと180°となる。

  A + B + C = 180°

  D + C = 180°

  この2つの式から、A＋BとDは等しいとわかる

☝ 合格のコツを要チェック！

適性検査に出る角度と言えば、折り紙問題がものすごく多い。もとは1枚の四角だけど、折ったり重ねたりすることで複雑な角度問題に変身する。どの辺がどこに移動して、どの角度がどこに移動して…と順を追って確認することが大切だよ。

No. 1

次の図は、三角定規を2枚組み合わせた図形です。
それぞれの角A、Bを求めましょう。

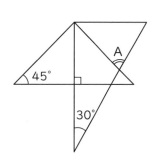
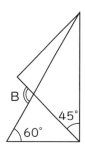
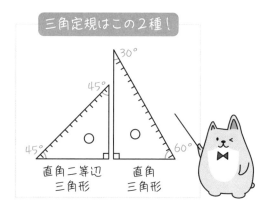

三角定規はこの2種！

直角二等辺
三角形　　直角
　　　　　三角形

No. 2

長方形の用紙を折り曲げたときにできる角A、Bを求めましょう。

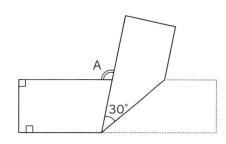
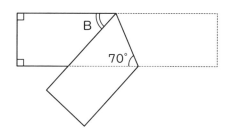

No. 3

次の図の直線ア、イはそれぞれ平行です。角A、Bの大きさを求めましょう。

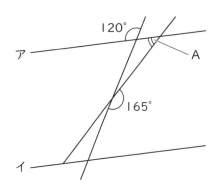
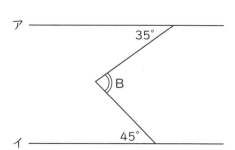

例題解説

No.1

解答

A：75°　　B：105°

解説

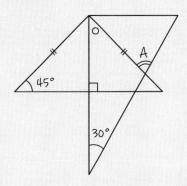

左側のピラミッド型の三角定規は直角二等辺三角形で、それを真っ二つに割るような垂直の線が入っているね。

ということは、図の○印の角度は直角（90°）の半分で、45°だとわかる。

求めたいAは、一番下の30°と、○印の和なので、30＋45＝75°となる。

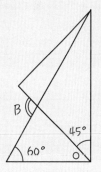

Bは、60°と○の角の和だとわかる。○の角は、直角の90°から45°を引いた、45°となる。

よって、Bは60＋45＝105°となるよ。

No.2

解答

A：120°　　B：40°

説明

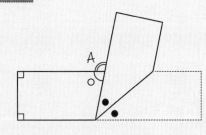

左図の●印は、ただ紙を折っただけなので、どちらも同じ大きさ（30°）だね！

○印は、●2つ分と等しいので、○は60°。

よって、Aは、180－60＝120°とわかる。

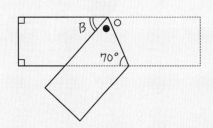

右図の○印は、70°（逆向きのZの形）。

また、紙を折っただけなので、○と●は同じ角度（70°）だね！だから、○＋●は140°だとわかる。

よって、Bは180－140＝40°となる。

解答

A：45°　　B：80°

説明

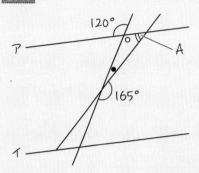

左図の●は、180 − 165 ＝ 15°。

次に、○は、向かい合う120°と等しいので、120°。

A＋●＋○は三角形の内角の和なので180°になることから、Aは、180 − (15 ＋ 120) ＝ 45°となる。

下図のように、ア・イと平行な補助線ウを引いてみよう。

○は35°、●は45°と等しいので、Bは35 ＋ 45 ＝ 80°とわかるね。

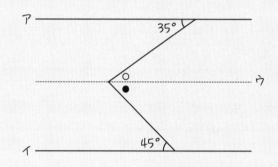

補助線を引く、という発想

見えないものがクリアになるよ

補助線が〜！

2

図形と仲良くなろう！

過去問チャレンジ！

No.1 2021年度静岡県・沼津市共通問題

としこさんは、キャンプ場の宿舎で折り紙を折って遊んでいました。

【としこさんが折り目をつけた正方形の折り紙】

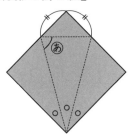

――――― 問 題 4 ―――――

【としこさんが折り目をつけた正方形の折り紙】のように、点線にそって折り目をつけたときの、あの角の大きさは何度か、答えを書きなさい。ただし、【としこさんが折り目をつけた正方形の折り紙】の∥は辺の長さが等しいことを、〇は角の大きさが等しいことを、それぞれ表しているものとする。

No.2 2022年度岡山県立倉敷天城中学校（改題）

課題2　太郎さんと花子さんは、学芸会のかざりつけについて、次のような会話をしています。

太郎：折り紙を使ったらどうかな。

花子：いろいろな折り方ができるね。

（1）正方形の折り紙を図1の①、②の順に折って図2の形をつくりました。図2のあの角度は何度か答えましょう。

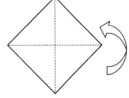

①点線のように折り目をつけ、下半分を上に折る

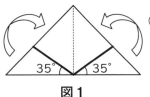

②太い線で上に折る

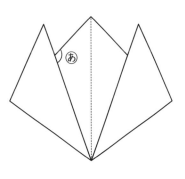

図1

図2

過去問チャレンジ解説

No. 1

解答

75度

解説

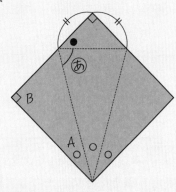

上図の●印と⊛の和は、AとBの和になる。

Aは、直角（90°）を三等分しているので30°、Bは、折り紙は正方形なので直角（90°）。

よって、⊛＋●は、30＋90＝120°。

また、●は、直角二等辺三角形の一部なので、45°。

⊛は、120－45＝75°とわかるね。

【別解】 5年生で習う「合同な図形の書き方」の知識を使う方法

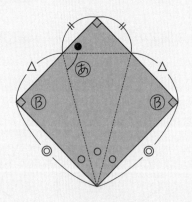

上図の△印の辺は、正方形の一辺から‖を引いた長さなので、同じ長さとなる。

上図の◎印の辺は、どちらも正方形の一辺なので、同じ長さとなる。

この△と◎の間にはさまれた角度は、正方形の角なので90°。

よって、2辺とその間の角が等しいことから、◎と△の辺を持つ2つの三角形は合同と言える。

つまり、中央にある点線に囲まれた三角形は、2辺の長さが等しい、二等辺三角形だとわかるね！

一番下の○の角度は、90°の三等分で30°なので、あは、（180－30）÷2＝75°になるよ。

解答

115度

解説

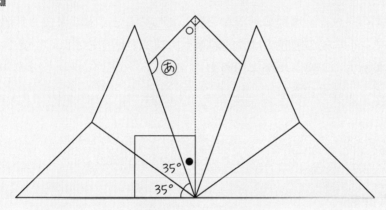

上図のように、「折る前」の状態を書き足してみよう。

一番上から下におろされた点線は、垂直にまっすぐついた折り目なので、図のように90°だとわかる。

よって●印の角度は、90－（35＋35）＝20°。

○印のところは、直角（90°）の半分なので、45°。

以上のことから、あは、180－（20＋45）＝115°だとわかるね。

3 円の性質

とにかく計算がめんどうな印象がある円…。でも、使う知識は限られているから、計算さえ合えばちゃんと正解できるサービス問題とも言えるよ。

✦ 解法のポイント ✦

- **直径と半径**…円の中心を通るように、はしからはしまで引いた直線が直径、中心からはしまでが半径
- **円周**…円の周りの長さのこと
- **円周率**…円周の長さが、直径の何倍かを表した値のこと。どこまでも無限に続く値なので、小学校の範囲では「円周率＝3.14」ということにして使う
- **円の面積の求め方**…半径×半径×円周率
- **円周の求め方**…直径×円周率

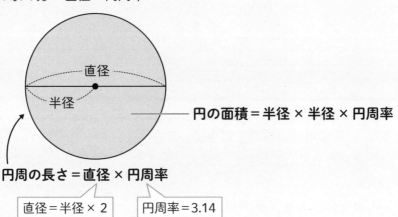

円の面積 ＝ 半径 × 半径 × 円周率

円周の長さ ＝ 直径 × 円周率

直径＝半径×2　　円周率＝3.14

☝ 合格のコツを要チェック！

- 6年生でも、円周の求め方と面積の求め方で混乱している人が意外といるよ…。今、求めたいのは面積なのか円周なのかハッキリさせてね。面積や円周の求め方は「知っていて当然！」として問題に登場するので、完璧にしておこう！
- 「円周率はどうやって出すのか？」「どうしたら調べられるのか？」という理屈を問われることもある。ただの丸暗記として覚えるのではなく、1つひとつの意味を正確に理解していないといけないよ。

例題

No.1

次の図形の面積とまわりの長さの合計を求めましょう。ただし、図の•は円の中心を表すものとします。

（1）

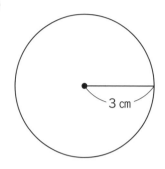

3 cm

（2）

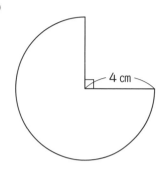

4 cm

（3）正方形と半円

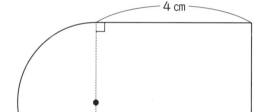

4 cm

（4）大きさの異なる2つの半円

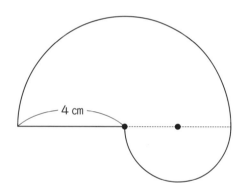

4 cm

No.2

右図のような小屋のかどにくいが打たれ、そのくいには6mのロープにつながれたヤギがいます。このヤギは、ロープがとどく範囲を自由に動き回ることができます。このとき、ヤギが自由に動き回ることのできる場所の面積を求めましょう。ただし、小屋の部分には入ることができず、ロープがのびることもないものとします。

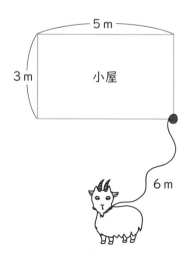

5 m

3 m

小屋

6 m

No. 1

解答

（1）面積：28.26㎠　　長さ：18.84cm

（2）面積：37.68㎠　　長さ：26.84cm

（3）面積：22.28㎠　　長さ：18.28cm

（4）面積：31.4㎠　　長さ：22.84cm

解説

（1）半径3cmの円なので、面積は 3×3×3.14＝28.26㎠

　　　円周は 3×2×3.14＝18.84cm

（2）もとの円の $\frac{3}{4}$ の大きさになっている。

　　　半径は4cmなので、面積は 4×4×3.14× $\frac{3}{4}$ ＝37.68㎠

　　　周りの長さのうち曲線部分は、4×2×3.14× $\frac{3}{4}$ ＝18.84cm

　　　残った直線部分は半径2つ分なので、4×2＝8cm

　　　曲線部分と直線部分を合わせて、18.84＋8＝26.84cmが周りの長さ。

（3）正方形の部分の面積は、4×4＝16㎠

　　　次は半円を見てみよう！

　　　正方形の一辺（4cm）が直径なので、半径はその半分の2cm。

　　　よって半円の面積は、2×2×3.14÷2＝6.28㎠。

　　　正方形と半円を足し合わせた面積は、16＋6.28＝22.28㎠。

　　　半円部分の曲線は、4×3.14÷2＝6.28cm。直線部分は正方形の一辺3つ分な

　　　ので、4×3＝12cm。

　　　2つを合わせると、6.28＋12＝18.28cm。

（4）大きい方の半円の面積は、4×4×3.14÷2＝25.12㎠。

　　　小さい方の半円の直径は、大きい半円の半径なので、4cm。半径はその半分な

　　　ので2cm。

　　　小さい半円の面積は、2×2×3.14÷2＝6.28㎠。

　　　大きい半円と小さい半円を足すと、25.12＋6.28＝31.4㎠。

　　　【別解】

　　　2つとも半円なので、計算の工夫ができそうだよ！　まずは一本の式にすると…

　　　4×4×3.14÷2　＋　2×2×3.14÷2

この式を見ると、「×3.14÷2」は両方にふくまれているよね。
ということは計算のきまりを使ってくくると、
（4×4＋2×2）×3.14÷2になる。こうすると、3.14は1回しか出てこない
ので、計算ミスの可能性を低くすることができるよ。

大きい方の半円の曲線部分は、4×2×3.14÷2＝12.56cm。
小さい方の半円の曲線部分は、2×2×3.14÷2＝6.28cm。
直線部分の4cmと合わせると、4＋12.56＋6.28＝22.84cm。

No.2

解答

92.63㎡

解説

右図のように、ロープがとどく範囲を書き
込んでいく。すると、おうぎ形が3つ組み
合わさった図形の合計が、ヤギのロープが
とどく範囲だとわかる。
1本の式にすると、次のようになるね。
$1×1×3.14×\frac{1}{4}＋3×3×3.14×\frac{1}{4}＋6$
$×6×3.14×\frac{3}{4}$
3.14を1つずつかけ算するのは大変なので、
くくってしまおう。
$（1×1×\frac{1}{4}＋3×3×\frac{1}{4}＋6×6×\frac{3}{4}）×3.14$
＝29.5×3.14＝92.63㎡が答えとなるよ。

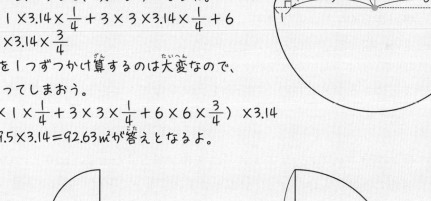

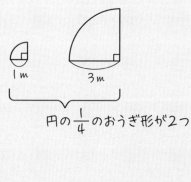

円の$\frac{1}{4}$のおうぎ形が2つ

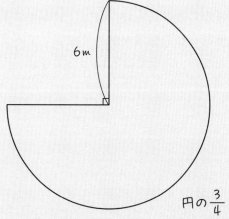

円の$\frac{3}{4}$

過去問チャレンジ！

123+

研究2　買い物から考えよう

　あきらさんとお母さんは、買い物先で、（図1）のような直径40㎝のピザ1枚と直径20㎝のピザ5枚を買いました。

（図1）

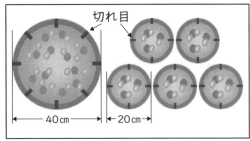

切れ目

40㎝　20㎝

あ　き　ら：大きいピザは8等分、小さいピザは4等分するための切れ目「▬」があるね。

　　　　　　この切れ目を使って、家族6人にピザが余らないように公平に分けたいね。

お母さん：大きいピザを直径40㎝の円、小さいピザを直径20㎝の円と考えて、1人あたりの面積が等しくなるようにすればいいね。

（図2）

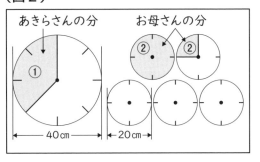

あきらさんの分　　お母さんの分

①　　②　②

40㎝　20㎝

あ　き　ら：（図2）のように、ピザを円として、切れ目「一」と円の中心「•」を使って直線をかき入れ、わたしの分を①、お母さんの分を②として色をぬってみたよ。

課題1　①と②はそれぞれ、1人あたりの面積が等しくなるように6人に切り分けたときの1人分になっているといえますか。ことばや式などを使って、それぞれの面積を求めて説明してみよう。

　　　　　ただし、円周率は3.14とします。

2

図形と仲良くなろう！

③ 翔太さんと花子さんと先生が、直径の長さと円周の長さの関係を調べています。3人の会話文を読んで、後の各問に答えなさい。ただし、図1の正六角形は外側の円にぴったり入っています。図2の円は外側の正方形にぴったり入っています。図3の円は外側の正方形に、内側の正方形は外側の円にぴったり入っています。

翔太　図1を見てください。円を使ってかいた正六角形のまわりの長さは円の半径の長さの ア 倍で、円の直径の長さの イ 倍だね。だから、円周の長さは円の直径の長さの イ 倍より長くなるんだね。

花子　それでは次に図2を見てください。円の外側にかいた正方形も同じように考えてみると、正方形のまわりの長さは円の直径の長さの ウ 倍だから、円周の長さは エ 。

先生　円周の長さが直径の長さの何倍になっているかを表す数を円周率といい、計算ではふつう3.14を使いますね。

花子　いろいろな円の面積の求め方も考えてみたくなりました。

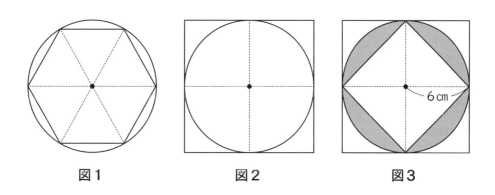

図1　　　　　図2　　　　　図3

（1） ア ～ ウ に入る数を答えなさい。また、翔太さんの説明を参考にして、 エ にあてはまる説明を答えなさい。

（2）図3の円の半径を6cm、円周率を3.14とし、図3の色のついた部分の面積を求めなさい。また、求め方を説明しなさい。

過去問チャレンジ解説

No. 1

【解答例】

直径40cmのピザ1枚分の面積は、20×20×3.14＝1256　1256cm²

直径20cmのピザ5枚分の面積は、10×10×3.14×5＝1570　1570cm²

ピザの面積の合計は、1256＋1570＝2826　2826cm²

だから、1人分の面積は、

2826÷6 ＝471　471cm²になる。

①の面積は、20×20×3.14÷8×3 ＝471　471cm²。

②の面積は、10×10×3.14＋10×10×3.14÷4 ＝392.5　392.5cm²。

①は、1人あたりの面積が等しくなるように6人に切り分けたときの1人分になっていると（いえる）。

②は、1人あたりの面積が等しくなるように6人に切り分けたときの1人分になっていると（いえない）。

【解説】

まず、ピザ全体の面積を出し、それを六等分すれば、理想の1人分を出すことができるよね。

そのあと、①、②をそれぞれ出して、1人分とちょうど同じになるか、ならないかを計算すればいい。

解答例のような方法ではなく、計算のきまりを使って比べることもできるよ！

• **ピザ全体を6等分した1人分の大きさ**

（20×20×3.14＋10×10×3.14×5）÷6

＝（20×20＋10×10×5）×3.14÷6

＝900×3.14÷6

＝150×3.14

• **①の大きさ**

$20×20×3.14×\dfrac{3}{8} ＝400×\dfrac{3}{8}×3.14＝150×3.14$

・②の大きさ

$$10×10×3.14＋10×10×3.14×\frac{1}{4}＝\left(10×10＋10×10×\frac{1}{4}\right)×3.14$$
$$＝125×3.14$$

「×3.14」はすべてに共通するので取り除くと、1人分は150、①も150、②は125
になる。

よって、①は全体を6人分に分けたうちの1人分として正しいけど、②は足りない
ことがわかるね。

No.2

解答

（1）ア：6　イ：3　ウ：4　エ：円の直径の長さの4倍より短くなる

（2）面積：41.04㎠

　　説明：半径6㎝の円の面積は、6×6×3.14＝113.04（㎠）

　　　　　内側の正方形の面積は、12×12÷2＝72（㎠）である。

　　　　　よって、113.04－72＝41.04（㎠）になる。

解説

（1）図を見ると、円は正六角形の外側にあるので、正六角形の周りの長さよりも、
　　　円周の方が長くなるはずだね。半径を①とすると、正六角形は正三角形の集
　　　まりなので、正六角形の一辺も①になるとわかる。
　　　正六角形の周りの長さは、①が6辺あるので⑥だとわかる。
　　　このことから、正六角形の周りの長さ⑥は、半径①の6倍（アの答え）、直径
　　　②の3倍（イの答え）と出すことができるよ。
　　　そして円周は、最初に書いたように正六角形の周⑥よりも大きいはず。
　　　直径×円周率＝円周なので、「②×円周率＝⑥より大きい」と表すことができ
　　　る。
　　　このことから、円周率は3よりも大きいとわかる（②×3でぴったり⑥になっ
　　　てしまうため、答えを⑥より大きくしたいなら円周率は3より大きい数字を
　　　かけ合わせないといけないから）。

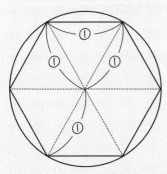

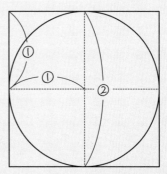

次に、正方形の中に入っている円を見てみよう。今度は、円は内側におさまっているので、正方形の周より、円周は小さくなるはずだね。

半径を①とすると、直径は②になり、これは正方形の一辺と同じ。よって、正方形の周は、②×4＝⑧と表すことができる。つまり、正方形の周⑧は、直径②の4倍（ウの答え）。

直径×円周率＝円周の式にあてはめると、「②×円周率＝⑧より小さい」と表すことができる。

よって、円周率は、4より小さいとわかる（②×4だとぴったり⑧になってしまうので、答えを⑧より小さくしたいのなら、円周率は4より小さくしないといけないから）。

エには、翔太さんの説明を参考にするよう指示されているね（ちゃんと線を引いていたかな？）。

翔太さんは、「円周の長さは円の直径の長さの【イ】倍より長くなるんだね」というように説明しているので、それを真似して、「円周の長さは円の直径の長さの4倍より短くなる」と言ったと考えられます。

（2）色のついた部分は、円から、中央の斜め正方形を引けば答えが出そうだね！円は半径がわかっているので、6×6×3.14で求めることができる。中央の正方形は、一辺の長さはわからないけど、対角線の長さは6×2＝12cmだとわかる。正方形はひし形と同じように対角線×対角線÷2で面積を求めることができるので、12×12÷2をすれば面積を求めることができるよ。あとは、解答例の通りに計算するだけだね。

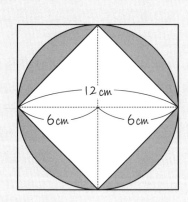

4 立体
りったい

立体を頭の中で考えるのはすごく混乱するよね…。でも、適性検査では必ずと言っていいほど出題されるジャンルだから、たくさん解いて慣れておこう！

✏️ 解法のポイント ✏️

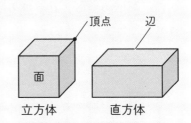

- **立方体**…サイコロの形。6面の正方形でできていて、一辺×一辺×一辺で体積を求めることができる
- **直方体**…どこから見ても四角形。すべての面が長方形、もしくは、長方形と正方形でできている。たて×横×高さで体積を求める
- **角柱と円柱**…底面が多角形の柱を角柱、底面が円の柱を円柱と言う。どちらも底面に対してまっすぐ上にのびる。上下の面を底面と言い、周りの面を側面と言う。円柱の側面はカーブしているけど、底面に対して垂直に切り開くと四角形になっている。底面の面積×高さで体積を求める

- **展開図**…立体を切り開いて平面にした図。立体の設計図のようなもの。立方体の展開図は全部で11パターンある
- **見取図**…立体を、見たままに表したイラスト。上に書いたような図
- **投影図**…立体を、真横や真上、真正面から見て平面に表したイラスト。真上と真下、真正面と真裏、左面と右面から見た投影図の面積は同じになる。適性検査では、立方体を積んで作ったものを投影図にするのがおなじみ

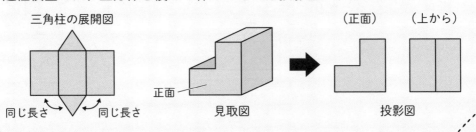

立体を、立体のまま考えようとすると混乱のもと！ また、頭の中だけでイメージしようとしても限界があるよ。特に「立体、苦手だな～」と思っている子は、たくさん手を動かして展開図を書いたり投影図を書いたりして、平面でわかるところから考えるようにするのがコツだよ。

✏️ 例題

No. 1

　次の展開図のうち、立方体の展開図として正しいものには〇、まちがっているものには×をつけましょう。

① 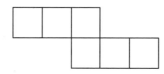　　　② 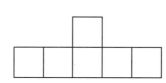　　　③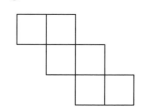

No. 2

①立方体をいくつか積んで、次のような立体を作りました。例を参考にして、この立体の投影図を書きましょう。

例

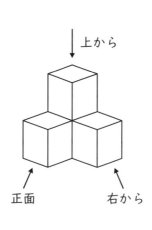

上
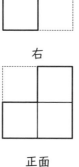

右

正面

使った個数
１１個

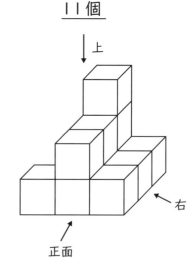

②立方体をいくつか積んで立体を作り、投影図にしたところ次のようになりました。
使った立方体は何個でしょうか。考えられる最も少ない個数を答えましょう。

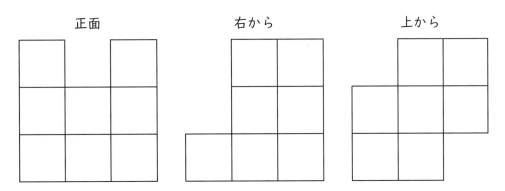

正面　　　　　　　右から　　　　　　上から

おとうふを１丁用意します。①のように切ることを、「たて切り」、②のように切ることを「横切り」、③のように切ることを「水平切り」と呼ぶとします。たとえば、「たて切り」➡「横切り」の順に切ると、おとうふは４つに分かれます。さらに「たて切り」➡「たて切り」➡「水平切り」の順に切ると、６つに分けることができます。

４回切ったところ、全部で12個に分けることができました。どのような切り方をしたのか、考えられる組み合わせを１つ答えましょう。

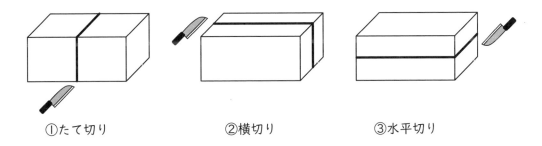

①たて切り　　　　　②横切り　　　　　③水平切り

例題解説

No. I

解答

① ○　② ×　③ ○

解説

②は、5個横並びで正方形が並んでいるね。これを角度が90°になるよう折っていくと、はしとはしの2枚が重なってしまって、立方体が作れない。
①や③は正しい展開図。なお、立方体の展開図は全部で11種類あるよ。

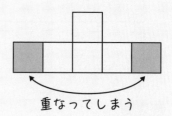

重なってしまう

No.2

解答

①

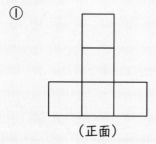

（正面）　　　　　　（右）　　　　　　（上）

② 12個

解説

投影図から実際の個数を出すときは、上から見た図を使って、必要最低限な個数を推理していこう。

まずは、右図のように、正面や右から見える個数を書き込んでいく。1個しか見えていない列は、確実に1個しか置けないので、☆印の2か所は1個だけ置いてあるとわかる。

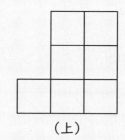
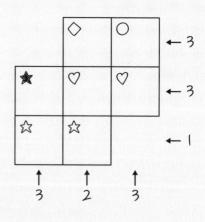

さらに、★のところを見てみよう。ここは、3個積まないと、正面から見たときに3個見えることはありえなくなってしまう。これで、★が3だと決められる。

今度は、♡のところを見てみよう。★に3個置いたので、♡にたった1個しか置かなかったとしても、右から見たときには★の3個が見えているので、問題ない。今

回は「最も少ない個数」を聞かれているので、最小の個数である1個を♡に置くことにする。

◇を見てみよう。☆も♡も1個しか積んでいないので、正面から見て2個見えるようにするために、◇に2個置かないといけない。

最後に○。右から見たときに3個見えているはずなので、○には3個必要。

No.3

【解答】

横切り・たて切り・たて切り・水平切り

【別解①】たて切り・横切り・横切り・水平切り

【別解②】たて切り・横切り・水平切り・水平切り

順番はすべて関係ない。組み合わせが合っていれば正解だよ。

【解説】

たて切りだけ、もしくは横切りだけ、水平切りだけ、にすると、切った回数＋1個に分けられる。

方向が混ざったときは、どうかな？

たて・横に切ると4つに分けられる。

たて・水平・横に切ると8つに分けられる。

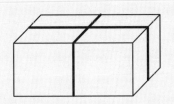

水平切り→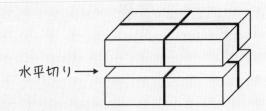

水平切りをすると、段が分かれたね。4回全部水平切りだったとしても、5段までしか作れない。

ということは、12個に分けるためには、1段に12個ある、2段に6個ずつある、3段に4個ずつある、4段に3個ずつある、というこの4パターンが考えられるね！

・1段に12個あるとき　1段、ということは水平切りをしていない。たて切り・横切りの計4カットで12個作らないといけないが、なるべく細かく切るよう（たて切り2・横切り2）にしても、9個までしか作れない。

・2段に6個ずつあるとき　2段ということは、1回は水平切りをしている。残り

3回、（横・たて・たて）、あるいは（横・横・たて）なら、6個作ることができる。

- **3段に4個ずつあるとき** 3段ということは水平切りを2回行っている。残り2回で4個作るには、（たて・横）と1回ずつ切れば完成。
- **4段に3個ずつあるとき** 4段ということは水平切りを3回行っている。残り1回で、3個を作ることはできない。

ということで、（水平・横・たて・たて）、（水平・横・横・たて）、（水平・水平・たて・横）、この3パターンが正解となるよ。

ちなみに、こう見えて、おとうふのさいの目切り、得意です

過去問チャレンジ！

2　**みなみさんは、正多面体とよばれる立体について調べています。次の【資料】を読んで、あとの問題に答えなさい。**

【資料】

平らな面だけでできた立体を、多面体という。その中でも、次のような特徴をすべてみたす多面体を、正多面体という。

- すべての面が合同な正多角形である。
- それぞれの頂点に集まる正多角形の数が等しい。
- へこみがない。

たとえば、立方体は、すべての面が合同な正方形で、それぞれの頂点に3つの正方形が集まっていて、へこみもないので、正多面体である。この場合、面の数が6なので正六面体とよぶ。

正六面体

問題1　**【図1】の立体は、正八面体です。正八面体の頂点の数と辺の数を、それぞれ答えなさい。**

【図1】

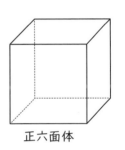

問題2　**【図2】は、正三角形を組み合わせてできる立体の展開図です。この展開図を組み立ててできる立体は、正多面体であるといえますか。解答らんの「いえる」または「いえない」のどちらかに〇をしなさい。また、そのように考えた理由を、正多面体の特徴をふまえて具体的に書きなさい。**

【図2】

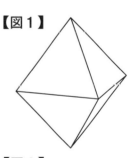

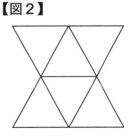

問題3　わかなさんたちは、厚紙で図1のような児童会の話合いで使う三角柱のネームプレートを作っています。三角柱の底面は、3つの辺の長さが9cm、12cm、15cmの直角三角形で、高さが33cmです。また、図1、図2のように、2つの底面には「6の1」と「学級」という文字を、側面の1つには「6の1学級委員長」という文字を書き込んでから、組み立てます。

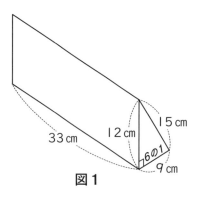

図1

図2

（1）ネームプレートの展開図をかき、「6の1」と「学級」と「6の1学級委員長」の文字をそれぞれ適切な面に適切な向きで書きなさい。ただし、3cmを1めもりとして解答用紙にかくこととし、のりしろは考えないこととします。また、文字の大きさは、問わないものとします。

過去問チャレンジ解説

No. 1

問題1　頂点の数：6　辺の数：12

問題2　この立体は正多面体であると（いえる ・ (いえない)）

　　　　理由：それぞれの頂点に集まる正三角形の数が等しくないから。

解説

問題1は、落ち着いて数えれば大丈夫だよ！

正八面体と言っているので、上に4枚、下に4枚の面がありそうだね。

ということは、ピラミッドのような形を上下にくっつけた立体となる。

頂点の数は一番上と一番下、それからピラミッドの地面になる部分が4つ、あわせて6つ。

辺の数は、ピラミッドの頂点と地面を結ぶ4本の線が上側と下側にそれぞれと、地面の四角形を作る4本の辺があるので、4×2＋4＝12本だとわかるよ。

【図1】

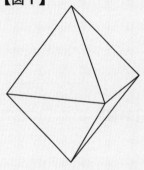

問題2は、「正多面体の特徴をふまえて」という指示があるので、あたえられた資料をよく読もう！ 正多面体になるためには、1つの頂点に集まる正多角形の数が同じでないといけないとある。

でも、図2を見ると、☆のところは3枚、★のところは4枚集まっているので、同じにはなっていないことがわかるね。

【図2】

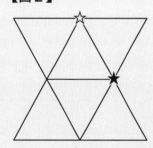

解答例

（１）

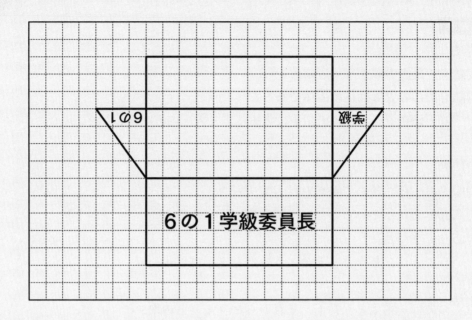

6の１学級委員長

【別解】

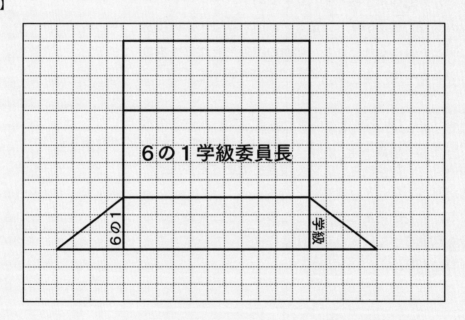

6の１学級委員長

解説

図1と図2は、同じネームプレートだということは気づけたかな？　図1は、図2の裏側から見たものだよ。

まずは、「6の１学級委員長」という大きな面を取ろう。横長な面だし、解答欄も横長だから、そのまま横向きに33×15㎝の四角を書いて、「6の１学級委員長」と書き込む。これを、「基準の面」と呼ぶことにするよ（用意された解答用紙は、1

めもりを3cmとしてあつかうことに注意しよう！1めもり＝1cmじゃないよ！）。
基準の面ができたら、あとは残り2面の長方形を足していこう。基準の面の上側に
高さ12cmの長方形、もしくは下側に高さ9cmの長方形が来るように配置する（どちらか一方でも、順番が守られていればOK）。
残りは三角形の面だけど、基準の面につけると、せっかくの直角を生かせない。

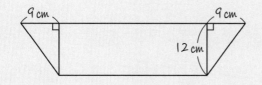

なんとなくの場所はわかるけれど、
本当に直角かどうか確かめられない…。

12cmの面につけるか

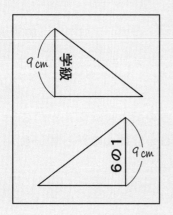

9cmの面につければ、90°を生かせる！
頂点の位置を取りやすい。

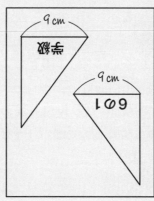

このどちらかの組み合わせ
ならOK！

拡大と縮小

地図のように本来のサイズよりギュッと小さく表したり、レンズを使って大きくしたり、実際とは異なる大きさでとらえることがある。スマートフォンやタブレットの画面を、2本の指で大きくズームしたり、小さくしたりしたことはあるかな？　それと同じ考え方だよ！

解法のポイント

- 拡大図／縮図…形は同じまま、すべての部分を同じ割合で大きくしたものを「拡大図」、小さくしたものを「縮図」と言う
- 縮尺…もとの長さをどのくらい縮めたのかを割合で表したもの
- 図形の拡大／縮小…一辺1cmの正方形をそれぞれの辺が2倍になるように拡大すると、一辺は2cmとなり、面積は4cm²、つまり4倍になる。長さは倍でも、面積は4倍になることに注意！

合格のコツを要チェック！

- 地図の問題で使われることが多いので、「10万分の1」「1：25000」など、大きな数字が出てくるよ。
- 実際の長さはkmでも、縮図ではcmになり単位も変わるので、計算ミスが起こりやすい。「今出した数字の単位は何なのか？」「ゼロの数はまちがっていないか？」をていねいに確認しよう。

例題

No.1

次の問題に答えましょう。

（1）500000分の1の縮尺で書かれた地図の2cmの長さは、何kmにあたりますか。

（2）36000kmを1：20000000で書かれた地図で表すと、何cmになりますか。

（3）駅から郵便局までの2kmの道のりが、4cmで表された地図があります。この地図の縮尺を分数で表しましょう。

No.2

下の地図で測ると、A川の川幅は4.6cmでした。この地図は1cmが実際は1.5mだとすると、A川の川幅は何mでしょうか。

例題解説

No.1

解答

（1）10（km）

（2）180（cm）

（3）$\dfrac{1}{50000}$

解説

（1）50万分の1にして2cmになっているから、もとの長さは次のようになる。

$2 \times 500000 = 1000000cm = 10000m = 10km$

（2）36000kmを2000万分の1にしようとしている。

まずは、kmを求めたい単位のcmに直してしまおう。

すると、3600000000cmになるね！

これを2000万分の1にすると、次のようになる。

$3600000000 \div 20000000 = 360 \div 2 = 180cm$

（3）2kmが4cmになっているから、まず単位をcmに統一して、

200000cm ↔ 4cmで表すと、わかりやすい。

縮尺を分数で表すと、$200000 \div 4 = 50000$、答えは50000分の1となる。

No.2

解答

6.9m

解説

1cmが実際の1.5mを表すので

4.6cmは、$1.5 \times 4.6 = 6.9m$を表しているよ。

過去問チャレンジ！

No.1 2021年度川口市立高等学校附属中学校

問4　ゆりさんは、八尾市に空港があると知り、国土地理院発行の25000分の1地形図を調べました。【地形図】を見ると、下のように、八尾空港の形が台形に近いことがわかりました。この台形の実際の面積を求め、八尾空港のおよその面積は何㎡か、書きましょう。（ただし、答えは四捨五入して、一万の位までのがい数で解答すること）

【地形図】

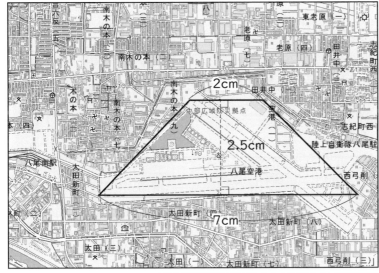

注）25000分の1の地形図とは、実際の距離を25000分の1にして表したものです。

（国土地理院発行 25000分の1地形図「大阪東南部」）

[問2] ゆうきさんとひかるさんは、富士山の高さについて話しています。

ゆうきさん 「先月、家族で富士山に登ってきたよ。標高は3776mもあるんだね。」

ひかるさん 「すごい高さだね。富士山って、地球の大きさをもとに考えても高い山といえるのかな。」

ゆうきさん 「地球の大きさと比べるとイメージできそうだね。そもそも地球はどれだけ大きいのかな。なにか調べられるものはないかな。」

ひかるさん 「社会科で使っている世界地図を使って、地球の大きさを求められないかな。」

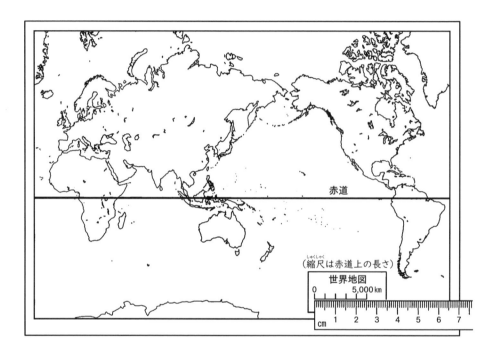

（縮尺は赤道上の長さ）

世界地図

0　　　　5,000km

（1）ゆうきさんは、上の図のように、世界地図の一部にものさしをあてています。また、この世界地図は、右はしと左はしがちょうど同じ位置を表すようにできていて、この世界地図上で赤道の長さをはかると20.5cmありました。この世界地図をもとにして考えると、実際の地球の直径はおよそ何kmですか。千の位までのがい数で求めましょう。ただし、世界地図上の縮尺は赤道上の縮尺であるものとし、円周率は3.14とします。

図形と仲良くなろう！

過去問チャレンジ解説

No.1

解答

700000㎡

解説

25000分の1になっているので、上底は2×25000＝50000cm、つまり500m。
下底は7×25000＝175000cm、つまり1750m。
高さは2.5×25000＝62500cm、つまり625m。
あとは、台形の公式にあてはめて計算すると、次のようになるよ。
(500＋1750) ×625÷2＝2250×625÷2＝703125㎡。
答えは、一万の位までのがい数で出すように指示されているね。がい数は覚えているかな？

$$\boxed{7\,0}\,3\,1\,2\,5$$
↑
万

こうやって必要な位のところまでを囲み、それ以下は四捨五入するんだったよね！
よって、答えは700000㎡となるよ。

No.2

解答

およそ13000km

解説

考えないといけない情報がもりだくさんだね…。落ち着いて1つずつわかる数字を出していこう。
まずは、縮尺が必要だね。
5000kmの長さが、ものさしの2.5cmになっているから、5000km↔2.5cmで表しているということになる。
赤道（地球の円周）の長さはものさしで測ると20.5cmなので、基準となる2.5cmの8.2倍だから、赤道の実際の距離は、5000km×8.2＝41000 kmとなる。
赤道は地球の円周で、円周は直径×円周率で出すので、直径は円周÷円周率を計算

すれば出る。

ここがちょっとややこしいので、あらためて整理してみよう。

直径×円周率＝円周

この式はもう大丈夫だよね！

今回は円周率 (3.14)、円周 (41000km) がわかっていて、直径を出そうとしているよ。

だから、円周÷円周率を計算して直径を求めればいいね。

直径＝41000÷3.14＝13057.3…km

必要なのは千の位までだから、 13 0 5 7

千

□の右側を四捨五入し、答えは13000kmとなる。

6 線対称・点対称

<ruby>線<rt>せん</rt></ruby><ruby>対<rt>たい</rt></ruby><ruby>称<rt>しょう</rt></ruby>・<ruby>点<rt>てん</rt></ruby><ruby>対<rt>たい</rt></ruby><ruby>称<rt>しょう</rt></ruby>

線対称はわかりやすいいけれど、やっかいなのは点対称…。問題用紙をグルグル回転させるわけにはいかないので、どの点と、どの点が対応しているのか、落ち着いて探していこう。性質をちゃんと覚えていれば、絶対に解けるようになるよ！

✧ 解法のポイント ✧

- 線対称…対称の軸となる直線で折ったとき、ぴったりと重なる図形のこと
- 点対称…対称の点を中心に180°くるりと回転させたときに、もとの形と同じになる図形のこと
- 対応…線対称なら折り曲げる前と後、点対称なら回転させる前と後で重なる点や辺、角を、「対応する点・辺・角」と言う。線対称な図形の対応する点と点を結んだ線は、対称の軸と垂直に交わる。点対称な図形の対応する点と点を結んだ線は、必ず対称の点を通る

線対称

点対称

👉 合格のコツを要チェック！

- 対称の単元は、適性検査で登場するときは「対称」という言葉が出る場合と、まったく出ない場合があるよ。「対称」と言われなくても、問題を見て「あ、これは線対称だな？」と気づけるようになるのが理想だよ。
- 対称であることさえわかれば、線対称➡対称の軸を探す、点対称➡対称の点を探すと、解きやすくなるよ！

例題 ···

No. 1

次の図形について、線対称なら〇、点対称なら□、線対称でもあり点対称でもあるなら◎、どちらでもないなら×を書きましょう。

① （　　　） 正方形

② （　　　） 平行四辺形

③ （　　　） ひし形

④ （　　　） 正五角形

⑤ （　　　） 正六角形

No. 2

次の図形が線対称なら対称の軸、点対称なら対称の点を書き込みましょう。

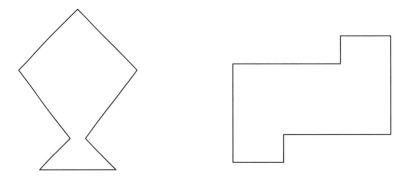

No. 3

正方形の折り紙を図のように折ったあと、切って開いたらどうなっているでしょうか。書き込みましょう。

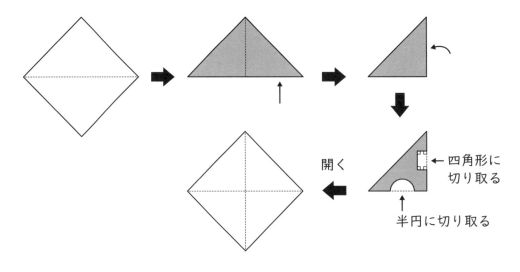

例題解説

No. 1

解答

① (◎) 正方形
② (□) 平行四辺形
③ (◎) ひし形
④ (○) 正五角形
⑤ (◎) 正六角形

解説

①
線対称
○
点対称
○

②
線対称
×
点対称
○

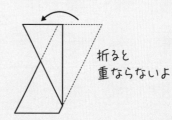
折ると
重ならないよ

③
線対称
○
点対称
○

④
線対称
○
点対称
×

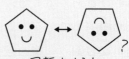
回転させると
重ならないよ

⑤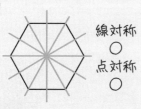
線対称
○
点対称
○

No. 2

解答

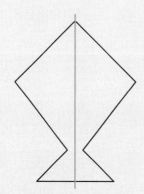

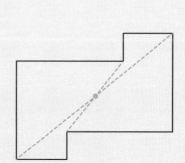

右図の点対称は、回転させたときに重なる頂点を結んだ線を2本引いて、その交わるところに点が書いてあれば正解。

No.3

解答

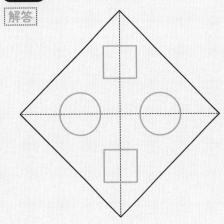

解説

ぴったり重ねるように折っているので、折る前の形は、折り目を対象の軸とする線対称な図形と考えることができる。

最後の切り取った後の図形から、時間を巻きもどしていくつもりで線対称な図形を書いていこう！　次のようになるよ。

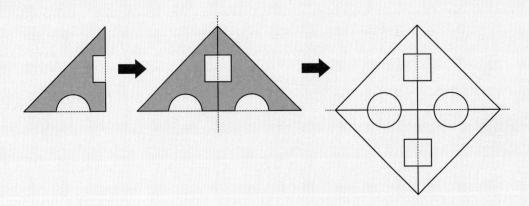

2

図形と仲良くなろう！

過去問チャレンジ！

123+

No. 1 2021年度青森県立三本木高等学校附属中学校

2 たろうさんたちは、アートクラブで箱を作っています。

たろう

1辺が2cmの正方形の紙を、テープで6枚つなげて右のような形にしたよ。これを組み立てると、立方体の箱になるよ。

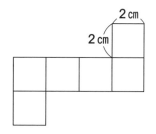

2 cm
2 cm

たろうさんがつなげてできた形

ともこ

たろうさんがつなげてできた形には**対称の中心**があるから、点対称な形になっているわ。

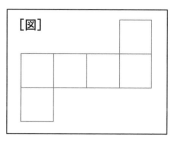

[図]

たけし

6枚の正方形をつなげてできる点対称な形で、組み立てると立方体になる形を、ぼくは、ほかに3種類考えたよ。

（1）ともこさんが話す**対称の中心**をどのように求めたのかが分かるように、定規を使って右の図にかきましょう。ただし、**対称の中心**を「・」とします。

//

No.2 2022年度徳島県共通問題

（問5）ともやさんは、シールタイプのフェルトを買い、裏側の方眼のシートに模様をかいて切りぬき、そのシートをはがして、つくった小物にはることにしました。ともやさんは、次の図のように、友達の名前をアルファベットでかいたときの頭文字が点対称な図形になるよう、方眼のシートにかきました。点○が対称の中心になるように、ともやさんがかいた図形を完成させなさい。

図　　　フェルトの裏側

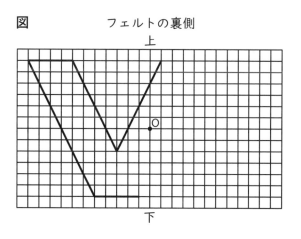

過去問チャレンジ解説

No. 1

解答例

解説

対応する点同士を結ぶ2つの直線を引き、それが交わる点に●がつけられていれば正解だよ。

点対称な図形とは、対称の点を中心に180°ハンドルを回すように回転させたとき、ぴったり重なる図形のこと。そして、対応する点と点を結んだ線は、必ず対称の点を通るという性質があったね。

これを利用して、対応する点と点を結ぶ線を2本引くと、対称の点の場所を特定することができる。

解答例とは異なる点を選んで、それが対応する点を結んでももちろん構わないよ（ただし、対称の点は解答例と同じ場所になる）。

No. 2

解答

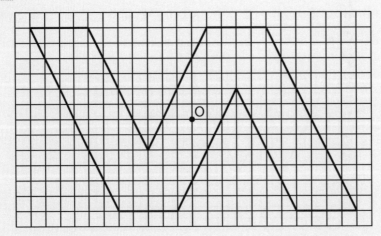

解説

対称の点の場所はわかっているので、あとはそれぞれの頂点の対応する場所を出し、線で結ぶ。

このとき、ある点と対称の点までの距離と、対称の点から対応する点までの距離は等しいはずだね！（回転してピタッと重なるはずなので）

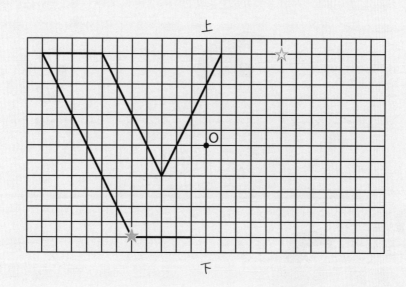

これを使って、たとえば上図の★印のところは、点Oまで「右に5マス、上に6マス」なので、対応する点は点Oから「右に5マス、上に6マス」移動させた☆印のところだと求められる。

同じようにして他の点も、点Oまでの距離をそのまま延長したところに対応する点を取って、最後に全体を結ぶと答えの図形が浮かび上がってくる。

ちなみに、これはフェルト「裏側」だから、ひっくり返すと、アルファベットの「N」になるよ。

図形の問題には慣れたかな？ 次は、比を使った問題を解いていくよ

あらよっと！

「ケアレスミス」にもいろいろ！

メモに
使ってね！

MEMO

第 3 章

比を使いこなそう！

1 関係する数量

片方が変化すると、もう片方も変化するような関係を式にしていくよ。適性検査の上級者が絶対にマスターすべき「比」の単元につながるところなので、ここは特に気合いを入れて完璧にしよう！

✦✦ 解法のポイント ✦✦

- 2つの数量の関係を、y や □ を使った式で表す

  例 $y = 3 + x$

- 式に出てくる数字は、「決まった数」と言い、変化しない数字を使う

  例 20枚の折り紙を、みおちゃんとめいちゃんで分けます。みおちゃんが〇枚のとき、めいちゃんの枚数「□枚」を表す式は？

  □ = 20 − 〇

  この20というのは合計の枚数で、増えたり減ったりしない「決まった数」

👉 合格のコツを要チェック！

□ を使った式、や、x や y を使って…と言われると難しく感じるけど、具体的な数字で置きかえると想像しやすいよ。たとえば、「〇枚」ではなく、「3枚」というようにわかりやすい数字を当てはめて式を作ると、混乱せずに解くことができる。

✏ 例題

No. 1

次の①〜④の〇と□の関係を、それぞれ「□＝」から始まる式にしましょう。

① 正方形の対角線の長さが〇㎝のとき、面積□㎠を求める式

② 1枚50円のマスクを〇枚買ったときの、代金□円を求める式

③ 全部で24枚の折り紙があり、大きな長方形になるように並べます。たてに〇枚並べたときの、横の枚数□枚を求める式

④ 一辺の長さが〇㎝の正方形の、周りの長さ□㎝を求める式

A市では、次の表の仕組みを使って水道の使用料金を計算するそうです。

使用した量	
10㎥をこえた量	1㎥あたり300円
10㎥までの量	1㎥あたり180円
基本料金	560円

たとえば、13㎥使用した場合、基本料金に加え、10㎥までの料金と、10㎥をこえた3㎥分の料金を合わせた3260円が、使用料金となります。

使用した量を○㎥、合計金額を□円と表すとき、□を求める式を書きましょう。

ただし、○は10㎥をこえていることとします。

夏休みの工作で使った紙ねんどが、ふくろから出したばかりのときと比べてかんそうさせるととても軽くなったことに疑問を持ったはると君は、ばねばかりを使って重さをはかってみることにしました。

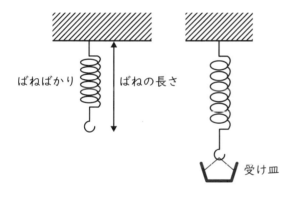

ばねばかり　ばねの長さ　受け皿

①	何もつり下げないとき	15cm
②	10gのおもりだけを直接下げたとき	18cm
③	何ものせていない受け皿をつり下げたとき	16cm
④	受け皿にふくろから出したばかりの紙ねんどをのせ、つり下げたとき	25cm
⑤	3日後、同じ紙ねんどを受け皿にのせてつり下げたとき	20.5cm

このとき、④でふくろから出した紙ねんどは、3日後に何g軽くなったと言えるでしょうか。なお、使ったばねばかりや受け皿、紙ねんどはすべて同じものとし、つりさげた重さが倍になると、ばねののびも同じように倍になっていくという関係があるとします。

例題解説

No. 1

【解答】

① □＝○×○÷2

② □＝50×○

③ □＝24÷○

④ □＝○×4

合っているかどうか不安な時は、実際の数値に置きかえよう！
たとえば③はたてに2枚なら…と考えると、想像しやすい！

【別解】

② ○×50

④ （○＋○）×2

No.2

【解答例】

□＝560＋10×180＋（○－10）×300

【別解】

□＝560＋1800＋（○－10）×300

□＝2360＋（○－10）×300

【解説】

この水道料金のように、使った量に応じて金額が変わるシステムを「従量課金制」と言うよ。この問題では2段階にしてあるけど、実際の適性検査では3段階、4段階ともっと複雑な表が出ることがある。でも、落ち着いて具体的な数字で置きかえて、この表の意味を正確に理解するところから始めよう。「たぶんこういう意味だろうな」と思ってカンで考えるとまちがっているかもしれないので、しんちょうにね！

○は10㎥以上と言っているし、例に出された13㎥は金額もわかっているので、式にして本当に3260円になるか確かめよう。

まず、基本料金の560円。

次に、10㎥までは1㎥につき180円だから、10×180＝1800円。

最後に、10㎥を越えた3㎥分（＝13－10）は、3×300＝900円。

これをすべて足すと、確かに3260円になるね！

こうやって、自分の考えが例通りになるか確認すると、確実だよ。

従量課金制のポイントは、10㎥をいくら越えようと、基本料金（560円）と、途中

の段階にかかる金額（10㎥までの1800円）は変わらない、ということだよ。

No.3

解答

15g

解説

①と②から、ばねばかりのもとの長さは15cmで、10gのおもりで3cmのびることが
わかる。
次に、④と⑤を比べると、受け皿はどちらも使っているので、④と⑤の差は、「3日
間で軽くなった分」だとわかる。
差は25 − 20.5 ＝ 4.5cm。
10gで3cm変化するので、4.5cmは、15gとなるよ。

$$1.5倍 \left(\begin{array}{c} 10g \ = \ 3cm \\ \boxed{?}g \ = \ 4.5cm \end{array} \right) 1.5倍$$

同じ変化！

ばねののびは、規則正しく変化す
るので、下げたおもりか、のびた
長さのどちらか一方がわかれば、
もう一方もわかるよ！

No.1 2021年度徳島県共通問題

（問4）たけしさんは、庭でバーベキューをする際に、テーブルといすの準備をすることにしました。お客さんが多くなると、次の図のようにテーブルを増やして、その周りにいすを置くこととします。あとの①・②に答えなさい。

図

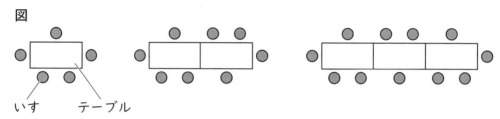

いす　テーブル

① テーブルの数が4個のとき、いすは全部で何きゃく必要か、書きなさい。
② テーブルの数をx個、いすの数をyきゃくとして、xとyの関係を式に表しなさい。

No.2 2022年度埼玉県立伊奈学園中学校　解説動画アリ

④　ゆうきさんが、次の資料1のように家庭科で習った「本返しぬい」を使って、手ぬいのコースターを作ろうとしています。ゆうきさんとひかるさんの会話を読んで、あとの問いに答えましょう。ただし、糸は1本どりで使うこととします。

資料1

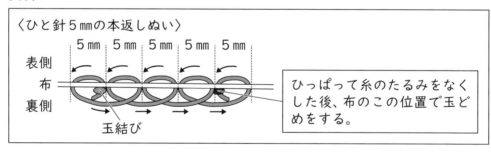

ゆうきさん	「前に習った本返しぬいを使って、このメモのようにしてコースターを作ってみたいと思ってるんだ。」
ひかるさん	「それはいいね。ぬう部分の長さはどれくらいになるのかな。」
ゆうきさん	「必要な糸の長さも考えないといけないね。ぬう部分の長さをもとにして糸を準備するんだけど、いつも足りなくなってしまうんだ。」

ゆうきさんのメモ

- コースターを1辺が10cmの正方形の形にする。
- コースターのそれぞれの辺から5mm内側をぬう。
- ひと針5mmの本返しぬいでぬう。
- ぬう部分で囲まれた正方形の頂点をA、B、C、Dとする。
- Aからぬい始めて、B、C、D、Aの順に通ってぬう。

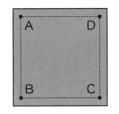

※メモにある図の点線はぬい目を正確に表したものではありません。

問1 ゆうきさんのメモにある図で、正方形ABCDの周の長さは何cmか答えましょう。また、その計算の過程を、言葉と式を使って説明しましょう。

問2 前のページにある**資料1**と、次の**資料2**の条件にしたがって、ぬいたい部分の長さと、その長さを本返しぬいでぬうときに必要な糸の長さを比べます。ぬいたい部分の長さを$x$cmとしたとき、ひと針5mmの本返しぬいに必要な糸の長さは何cmと表せますか。xを使った式で表しましょう。

資料2

| 条件1 | 玉結びと玉どめを1回ずつ行うために、あわせて20cm分の糸を使うものとします。 |
| 条件2 | 布の厚みや糸の太さは考えません。 |

一見複雑だけど、あせらず
じっくり考えてみてね

過去問チャレンジ解説

No.1

解答

① 14（きゃく）

② $3 \times x + 2 = y$

解説

① 図を見ると右はしと、左はしに1人ずつ座る席と、図の上下で向い合うように座る席があるね！

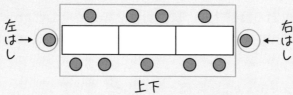

左
は → ◯
し

右
◯ ← は
し

上下

上下の席を見ると、1つのテーブルにつき、どのテーブルも3きゃくある。いま3テーブルで11きゃくあって、あと1テーブル増えると、さらに3きゃく増えることになるから、$11 + 3 = 14$きゃく。

② 先ほどの考え方のように、はしの2きゃく（右はしと左はし）と、あとはテーブルごとに3きゃくずつある。3きゃく×テーブルの数と、両はしの2きゃくの合計が全体のいすの数になるので、$3 \times x + 2 = y$となるね。

No.2

解答

問1　36（cm）

　　　計算の過程：正方形ABCDの1辺の長さは、10cmより5mmが2か所分だけ短いので、9cmです。周の長さはこの4倍なので、$9 \times 4 = 36$で、36cmになります。

問2　$x \times 3 + 19$（cm）

解説

問1　いきなりまわりの長さを出そうとせず、まずは一辺の長さを出そう。
　　　全体が10cmで、左はしから5mm、右はしから5mm内側なので、次のようになる。

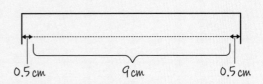

$10 - 0.5 \times 2 = 9$ cm。
一辺さえわかれば、正方形なので4倍すれば周りの長さが出るね！

0.5 cm　　9 cm　　0.5 cm

問2　この問題はちょっと難しいね…。図を見ると糸が複雑な動きをしているように見えて混乱するから、整理してみよう！

ぬい始めとぬい終わり

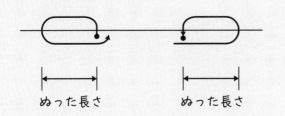

ぬった長さ　　ぬった長さ

Uターンするような動きで、ぬった長さに対して倍の長さの糸が必要！

それ以外の途中のところ

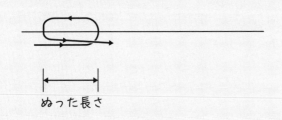

ぬった長さ

このように3方向に行き来しているので、ぬった長さに対して3倍の長さの糸が必要！

全部を矢印で表した動き

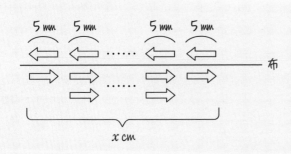

5 mm　5 mm　　5 mm　5 mm

布

x cm

なるほど！

両はしだけ矢印が2本、途中のところは3本になっていて、このままだと少し数えにくいね。
こういうときは、両はしにも3本ある、ということで計算して、最後に余計なものを引くと数えやすいよ。

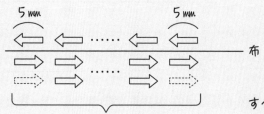

すべての場所で3倍の糸が必要とすると、
→ $x \times 3$ cm
実際は ⇢2本分（5mm×2＝1cm分）は
いらないので、引こう。
$x \times 3 - 1$ cm

さらに、最初の玉結びと最後の玉止めで20cm必要なので、
答えは、$x \times 3 - 1 + 20$、つまり $x \times 3 + 19$ が必要な糸の長さ。

1引いて20足すから…19！

3

比を使いこなそう！

② 速さ

　速度の計算は、ちょっと難しそうな印象があるよね。ここでは速さの基本をあつかうよ。秒、分、時間…、cm、m、km…。速さは登場する単位が多く混乱しやすいので、式に忘れずに単位を入れて、「今、計算した数字は何の単位か」を追いかけるようにしよう。

✦✦ 解法のポイント ✦✦

- 速さ…秒速、分速、時速がある。秒速は、1秒間に進む長さ（距離）のこと。分速は1分間、時速は1時間に進む長さ（距離）のことを言う

> ・速さ・時間・距離の関係
>
> 速さ＝距離÷時間　　例 3分で6m進んだら、6÷3＝分速2m
>
> 距離＝速さ×時間　　例 分速2mで3分進んだら、2×3＝6m
>
> 時間＝距離÷速さ　　例 6mの道のりを分速2mで進んだら、6÷2＝3分
>
> ・単位の表し方
>
> 秒速〇cm　➡　〇cm／秒
>
> 分速〇m　➡　〇m／分
>
> 時速〇km　➡　〇km／時

- 秒速↔分速↔時速…

　1分は60秒だから、秒速（1秒あたりに進む距離）を60倍すれば分速に、1時間は60分だから、分速（1分あたりに進む距離）を60倍すれば時速になる。反対に、分速を秒速にするときや、時速を分速にするときは、60で割る。

👉 合格のコツを要チェック！

- 速度の問題に出てくる長さの単位に気をつけよう。mで聞かれているのにcmで答えてしまった…なんてことがないように！
- 適性検査では、音楽のスピードや、脈拍など、ちょっと変わった速度問題も出る。でも、速度の基本をおさえて、1つひとつきちんと式や単位を書いていけば大丈夫！

例題

No.1

次の問題の速さや時間をそれぞれ求めましょう。

① 4時間で120km進む電車の速さを、時速で答えましょう。

② 1分間に180m進む速さを、秒速で答えましょう。

③ 時速36kmを、秒速になおしましょう。

④ 家から学校まで500mあります。最初の4分は分速80mで進みました。あと2分で到着するには、分速何mで進めばよいでしょうか。

⑤ 1周3kmのマラソンコースを、いつきさんは秒速3mで1周、りんさんは秒速5mで2周走りました。どちらが何分何秒長く走ったでしょうか。

No.2

ウサギとカメが、30kmの道のりを競争することになりました。ウサギは、時速40kmでスタートし、30分経ったところでつかれたので休けいしました。ところが、カメの姿がまったく見えないので心配になり、休けいを始めてから18分後、時速50kmでスタート地点の方向へもどりました。すると、12分走ったところで、カメに出会うことができました。カメは、その地点まで時速何kmで進んでいたでしょうか。なお、カメはスタート地点からウサギと合流するまで一定の速度で進んでいたものとし、ウサギは休けい中にはその場から動かなかったものとします。

No.3

秋のピアノ発表会で、柴犬のワルツという曲をひくことになりました。この曲は、1小節に3つの四分音符♩があり、全部で124小節あります。メトロノームを♩＝90に合わせてひくとき、この曲を演奏し終えるまでに何分何秒かかるでしょうか。なお、メトロノームとは音楽の速度をはかる器具のことで、♩＝○とは、1分間に四分音符を○回打つ速さで演奏する、という意味です。

3

比を使いこなそう！

No. 1

[解答]

① 時速30km

② 秒速3 m

③ 秒速10m

④ 分速90m

⑤ りんさんの方が、3分20秒長く走った

[解説]

① 4時間で120km進むから、1時間では120 ÷ 4 ＝ 30km進む。

② 1分間＝60秒で180 m進むので、180 ÷ 60 ＝（1秒につき）3 m進む。

③ まず単位をmになおすと、時速36000 mとなる。

60分で36000 m進む ➡ 1分につき36000 ÷ 60 ＝ 600 m進む ➡ 60秒で600 m進む ➡ 1秒につき600 ÷ 60 ＝ 10 m進む。

時速から秒速になおすときは、まずkmをmになおして、一気に3600で割ると早いよ！ 1時間➡1分は「÷ 60」、1分➡1秒も「÷ 60」なので、÷ 60と÷ 60を合体させると、÷ 3600と同じだからだね。たとえば、今回の問題なら、時速36km➡時速36000 m（kmをmに）➡ 3600で割って、秒速10 mとなる。

④ 分速80 mで4分進んだので、80 × 4 ＝ 320 m進んでいる。残りは、500 － 320 ＝ 180 mだね！ この距離をあと2分で進まないといけないので、180 ÷ 2 ＝ 分速90 mで進む必要があるね。

⑤ まずは、速さの単位に合わせて、距離をmにそろえよう。3kmは、3000 mだね！ いつきさんは1周（3000 m）を秒速3 mで走るので、かかった時間は3000 ÷ 3 ＝ 1000秒。一方のりんさんは2周（6000 m）を秒速5 mで走るので、かかった時間は6000 ÷ 5 ＝ 1200秒。

2人の差は、1200 － 1000 ＝ 200秒、つまり、りんさんの方が3分20秒長く走っていることになる。

No. 2

[解答]

時速10km

[解説]

まず、わかっていることを整理しよう！

・合流するまでの時間

ウサギが30分走り、18分休けいし、さらに12分走ったので、

30＋18＋12＝60分経過したときに、2人は合流している。

・ウサギが進んだ距離

時速40kmで30分間、つまり1時間で進める距離のちょうど半分なので、

40÷2＝20km進んだ。

そのあと、時速50kmで12分間、Uターンしている。12分間は、60分の$\frac{1}{5}$なので、進んだ距離は、50÷5＝10km。

ということは、20km進んで、10kmもどったので、スタート地点からは10kmのところでカメと合流している。

ここまでをまとめると、出発から60分後（つまり1時間後）に10km地点で合流しており、カメはその間歩き続けていたようなので、速さは10÷1＝10（km／時）だとわかるよ。

No.3

解答

4分8秒

解説

音符が登場する問題は適性検査にもよくあるけど、音楽というだけで解く前から「苦手！難しそう！」と思ってしまう子が多いよ。あたえられた情報だけでちゃんと解けるようになっているはずだから、落ち着いて取り組もうね！

1小節に3つの四分音符♩があり、124小節あると書いてあるので、全部で3×124＝372個の四分音符♩があるとわかる。

また、1分間に90回、四分音符を鳴らす速さで演奏するので、右のように表すことができる。

248秒は、4分（240秒）と8秒だね。最後の最後で計算ミスしないように注意！

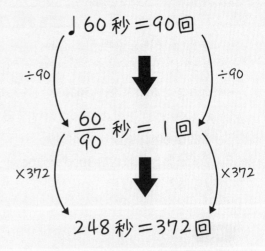

♩60秒＝90回
÷90　　÷90
$\frac{60}{90}$秒＝1回
×372　　×372
248秒＝372回

途中の「60÷90」は小数で答えると、0.666……と無限に続いてしまうよ。このようなときは、分数で置いておこう！最後のかけ算で分母がスッキリ取れることが多いよ。

過去問チャレンジ！

123+

No.1 2021年度石川県立金沢錦丘中学校

　下の図は、チーターについてしょうかいした看板（かんばん）の一部です。チーターが100mを4秒で走るとすると、速さは時速何kmですか、求め方を言葉や式を使って書きましょう。また、答えも書きましょう。

チーターは，陸上を走る動物のなかでは最も速く，100mを4秒で走ることができます。

No.2 2022年度さいたま市立浦和中学校

【山田さんと木村さんの会話②】

木村さん：山田さんの主な通学手段を教えてください。

山田さん：わたしは徒歩です。

木村さん：そういえば、成人は健康のために「1日1万歩の歩数を確保することが理想的と考えられる」と書かれているホームページを見たことがあります。

山田さん：そうなのですね。しかし、1日に1万歩を歩くのは大変だと思います。1万歩を歩くと、その道のりはどのくらいになるのでしょうか。

木村さん：歩幅（ほはば）を考えれば計算できそうですね。人によって差はありますが、調べたところ、身長をメートルで表した数に0.45をかけると、およその歩幅がわかるそうです。それをもとに考えていきましょう。

山田さん：はい。わたしの身長は160cmなので、まずその方法で歩幅を計算してみます。それをもとに1万歩を歩いたときの道のりを計算すると　B　mになります。もし、わたしがこの道のりをすべて歩くとしたら、どのくらいの時間がかかるでしょうか。

木村さん：それを知るためには、山田さんが歩く速さを知る必要がありますね。山田さんが10歩を歩くのにかかる時間をはかってみましょう。

〈山田さんが10歩を歩いてかかる時間をはかった〉

山田さん：10歩を歩くのに7.2秒かかりました。

木村さん：先ほど求めた山田さんの歩幅をもとに計算すると、山田さんは分速　C　mで歩くと考えられます。つまり、山田さんが1万歩を歩くには、　D　分歩けばよいということですね。

問3　【山田さんと木村さんの会話②】にある空らん　B　、　C　、　D　にあてはまる数をそれぞれ答えなさい。

131

過去問チャレンジ解説

No. 1

解答

求め方：１秒間あたりに進む道のりは100÷4＝25だから、秒速25m。

　　　　　１分間＝60秒なので、１分間あたりに進む道のりは25×60＝1500だから、分速1500m。

　　　　　１時間＝60分なので、１時間あたりに進む道のりは1500×60＝90000だから、時速90000m。

　　　　　１km＝1000mなので、１時間あたりに進む道のりは90000÷1000＝90だから、時速90km。

答え：時速90km

解説

答えを出すこと自体は難しい問題じゃないね！ ただ、どう説明するか…だね。

秒速から時速、時速から秒速にするときは、途中の分速を飛ばさず、秒速、分速、時速、と１段ずつステップを上がるようにていねいに説明すると書きやすいよ。

また、基準となる時間の変更（秒➡時）と、単位の変更（m➡km）の２つの変更があるから、これも一気にまとめて説明しようとせず、まずは時間、そのあと単位、とすると書きやすいよ！

No. 2

解答

B：7200　　C：60　　D：120

まだ計算しないよ！

解説

B　身長×0.45が１歩の幅だから、身長160cmなら、歩幅は160×0.45cm。

　　これで10000歩歩くので、160×0.45×10000cm。

　　最後にcmからmになおすと、160×0.45×10000÷100m。

3

比を使いこなそう！

132

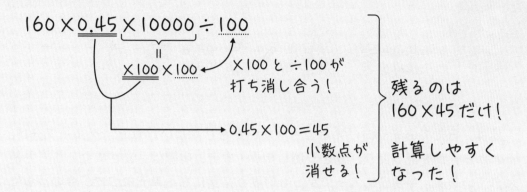

$$160 \times \underline{0.45} \times \underline{10000} \div \underline{100}$$

$$\underline{\times 100} \; \underline{\times 100}$$

×100と÷100が
打ち消し合う！

$0.45 \times 100 = 45$

小数点が
消せる！

残るのは
160×45だけ！

計算しやすく
なった！

いくつか式が続くときは、
1回ずつ計算するのではなく、全体を1本の式にして、打ち消し合うところや小数点が消せるところを探すと、計算もラクだし、ミスも防げる！

C　1歩の歩幅は、160×0.45cm。
　　これで10歩歩くと、160×0.45×10cm。

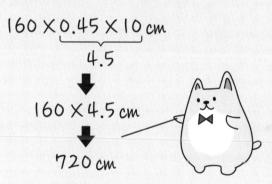

$$160 \times \underline{0.45 \times 10}\,\text{cm}$$

4.5

↓

$$160 \times 4.5\,\text{cm}$$

↓

$$720\,\text{cm}$$

さっきのBの計算160×45＝7200が生かせるね！ 45が4.5になっただけだから、ゼロを1つ取って720とわかるよ！

この720cm進むのに7.2秒かかると言っているから、
秒速は720÷7.2＝100（cm／秒）。
求めたいのは分速だから60倍して、100×60（cm／分）。
最後にcmをmになおすために100で割って、100×60÷100（m／分）。
100÷100が打ち消し合うから、残った60（m／分）が答え。

D　ここまでわかっていることを整理すると、次のようになる。
　　1万歩歩くと7200m進む（Bの答え）。
　　1分で60m進む（Cの答え）。
　　Dで求めたいのは、右のように7200m
　　進むときにかかる時間（分）。
　　分、m、歩、といろいろな数え方が出て
　　くるので混乱するけど、手を動かして自
　　分でわかるように整理しよう！

×120（ 1分＝60m ）×120
　　　↓ ?分＝7200m

$$? = 1 \times 120 = 120\text{分}$$

（Dの答え）

③ 比を使いこなそう

比は、日常であまり口にすることはないかもしれないけれど、グループ分け、それから何かを配ったり、量を予測したり…など、実際はさまざまなところで使われているよ。中学校に入ってからも何度も必要になる単元なので、今のうちに完璧にしておこう！

✧✦ 解法のポイント ✦✧

- **比例**…2つの数量を比べたとき、Aが2倍、3倍…と増えると、Bも2倍、3倍…と増えるような関係を比例と言う（B＝○×Aという式で表すことができる）
- **反比例**…2つの数量を比べたとき、Aが2倍、3倍…と増えるにつれ、Bが$\frac{1}{2}$倍、$\frac{1}{3}$倍…と小さくなっていく関係を反比例と言う（A×Bが常に一定）
- **比**…2つの数量を比べたとき、その割合をA：Bと表すこと。たとえば、A：B＝5：3のとき、Aが10倍の50になれば、Bも10倍の30になる。比は、できるだけ簡単に書くようにする。たとえば、12：4なら、両方を4で割って、3：1と表す

👉 合格のコツを要チェック！

- 「比」は歯車の問題やグラフの問題、何か部品を作る問題…などなど、幅広い文章題で登場するよ。「比を使ってね」と問題には書いていないことがほとんどなので、自分で気づく必要があるのが難しいところ。
- 比の値と、実際の数字がぐちゃぐちゃになるとミスのもと。比には○をつけて③：④と表したり、実際の数字には12mLというふうに単位をつけたりして、混乱しないようにしよう。

③：④

12mL

そうそう、比の値と、実際の数字の見分けがつくように工夫しよう！

例題

No. 1

次の文章それぞれの〇と□の関係を式にして、比例・反比例・どちらでもない、の中から正しいものを選びましょう。

① 1個100円のおにぎりを買う個数を〇個、料金□円としたときの〇と□の関係

② 1dLで4cm²ぬることができるインクがあり、用意したインクの体積〇dLと、ぬることができる面積□cm²の関係

③ 600個の部品を3時間で作ることのできる機械があるとき、かけた時間を〇時間、できる部品の数を□個としたときの〇と□の関係

④ 1分に12Lずつお風呂にお湯をためると、15分でいっぱいになりました。1分間に入れるお湯の量を〇L、いっぱいになるまでに必要な時間を□分としたときの〇と□の関係

⑤ 80枚のクッキーがあり、子どもたちに同じ枚数ずつ配っていきます。子どもの人数を〇人、1人あたりの枚数を□枚としたときの、〇と□の関係

⑥ 30つぶのチョコレートがあり、食べた数を〇個、残っている数を□個としたとき、〇と□の関係

1分間に12Lお湯を入れたら、15分でいっぱいになったということは…

ゆうき君は、お母さんからたのまれて誕生日パーティー用のピザを買いにきました。お母さんからあずかったメモには、次のように書かれていました。

- なるべく枚数が多くなるように買うこと
- AピザとBピザの両方を買うこと
- AピザとBピザのそれぞれの合計の料金の比が9：8になるようにすること
- 予算は12000円

また、ピザ屋さんのメニューを見ると、このようになっていました。

ゆうき君は、Aピザ、Bピザ、それぞれ何枚ずつ買えばよいでしょうか。

ピザの種類	金額（税込み）
Aピザ	1800円
Bピザ	1200円

つむぎさんは、近所の原っぱ一面に咲いているタンポポの数は、いったいどのくらいだろうと疑問に思い、数えることにしました。ところがあまりにも広く、困ってお父さんに相談したところ「一部の場所の本数を数えて、全体の本数を予測する方法があるよ」と教えてもらいました。

〈公園全体に生えているタンポポの数を予測する方法〉
- 原っぱの中で1m×1mの正方形の場所に生えているタンポポの数を調べる
- 本数は面積の大きさに比例すると考え、原っぱ全体の面積をもとにタンポポの本数を予測する

一辺1mの正方形の区切りの中に、タンポポは24本確認することができました。この原っぱがたて6m、横7mの長方形をしているとき、原っぱ全体でおよそ何本のタンポポがあると予測できるでしょうか。

No. 1

解答

① □＝100×○　　（　比例　）

② □＝4×○　　　（　比例　）

③ □＝200×○　　（　比例　）

④ □＝180÷○　　（　反比例　）

⑤ □＝80÷○　　　（　反比例　）

⑥ □＝30－○　　　（　どちらでもない　）

解説

①～③は、○の数が2倍、3倍…と増えれば、□の数も2倍、3倍…と増える比例の関係だね！

④～⑤は、○と□をかけた数が一定だから、反比例だよ。たとえば④なら、一気に大量に入れればかかる時間は短くなるし、ちょろちょろ入れればかかる時間は長くなるよ。お風呂がいっぱいになるのに必要な量はいつも変わらないので、いっぱいになるまでにかかった時間（分）と、1分ごとに入れた量の積は、常に同じ180 Lになる（1分につき12 L、15分間入れていっぱいになったから）。

⑥は、どちらでもないよ。○が増えれば□は減るけど、2倍、3倍…という関係ではない。

No. 2

解答

Aピザ：3枚　　　Bピザ：4枚

解説

Aピザ、Bピザの1枚当たりの金額の比は、1800：1200＝3：2。

Aピザ、Bピザのそれぞれの合計金額が9：8になればよいので、わかりやすくするために具体的な数字に置きかえてみよう。

Aピザは3円、Bピザは2円。

Aピザの合計は9円、Bピザの合計は8円。

このとき、Aピザ、Bピザを買った枚数は？

こうやって置きかえると、一気にイメージしやすくなるよね！（そんな安いピザあるわけないけど…）

Aピザは、9÷3＝3枚、Bピザは8÷2＝4枚買ったことになるので、Aピザ、Bピザの買った枚数の比が3：4だとわかる。

では、Aピザ3枚、Bピザ4枚購入したとすると、合計は次のようになる。
$1800 \times 3 + 1200 \times 4 = 5400 + 4800 = 10200$ 円。

確かに9：8だね！

予算の都合上これ以上買うことはできないので、正解はAピザ3枚、Bピザ4枚で決定だね。

No.3

解答

およそ1008本

解説

1㎡に24本咲いていることを確認し、面積と本数は比例すると考えるので、6×7＝42㎡には、24×42＝1008本、見込みで計算することができる。

へえ～！

もちろん、日当たりや土のかたさなど、予想通りの本数にはならないことも考えられるけど、「だいたい、このくらい生息しているだろう」と予測する方法として、実際に使われている考え方だよ

過去問チャレンジ！

No.1 <ruby>2021<rt></rt></ruby>年度大分県立大分豊府中学校
<small>ねん ど おおいたけんりつおおいたほう ふ ちゅうがっこう</small>

だいき　ぼくの住んでいる地域は米作りがさかんで、川の水を引いて水田に入れて
　　　　いるよ。おじいちゃんが言っていたけど、昔は水田に入れる水をめぐって、
　　　　農家の人たちの間で争いがあったんだって。

先　生　その争いを解決したのが、【写真】の円形分水です。【図】は、円形分水の
　　　　仕組みを表したものです。【資料】は円形分水の説明です。

【写真】円形分水

【図】円形分水の仕組み

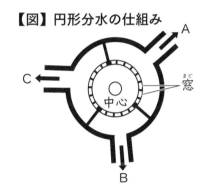

【資料】円形分水の説明

大正時代末になると、周辺の村が大谷川から水を引くようになるものの、水が不足するようになり、三つに分けられていた水の量をめぐって村どうしの争いがたえなくなる。そこで、適正に水を分配するよう、昭和九年にこの円形分水がつくられる。

円形分水の中心からは、一秒間におよそ七百リットルの水がわき出しており、円形分水の内側にあけられた同じ大きさの二十個の窓からあふれ出す。

この窓の数は、三つの水路先の水田の広さに応じて、五個、七個、八個をそれぞれわり当てた。これ以後、円形分水の果たす役割により水争いはなくなったという。大切な水を、むだなく、平等にという農家の願いは、円形分水のそばの案内板にある「水は農家の魂なり」の言葉にこめられている。

（竹田文化読本「竹田の月」から……一部表記を改めている。）

（3）【図】のCの水路に送られる水の量は、1分間でおよそ何Lになりますか。式と
　　答えを書きなさい。

139

執行部の3人は、球技大会のスローガンが書かれた看板を作り、体育館に掲示しようと考え、次のような会話をしました。

かれん：看板の背景は、学校カラーのうすむらさき色にしようよ。

はやと：この前、試しに色をつくってみたら、「赤：青：白＝2：3：4」の割合で絵の具を混ぜると、ちょうどよいうすむらさき色ができたよ。

こうた：それから、この絵の具は「絵の具：水＝3：1」の割合で水と混ぜるととてもぬりやすくなるみたいだよ。

かれん：ではまず、その割合でうすむらさき色の絵の具をつくって、看板の背景を一気にぬってしまおう。

はやと：その前に、絵の具を買ってこなきゃいけないよ。1本18mLのチューブ入りの絵の具を買うとして、赤、青、白の絵の具がそれぞれ何本必要になるかな。

こうた：1本の絵の具でぬることができる面積と、看板の大きさを考えると、B絵の具と水を合わせて300mL準備すれば十分間に合うんじゃないかな。

かれん：では、必要な本数を計算してみよう。

問題2 下線部Bのように、絵の具と水を合わせて300mLつくるとき、次の(1)、(2)の問いに答えなさい。

（1）水は何mL必要か答えなさい。

（2）1本18mLのチューブ入りの赤、青、白の絵の具は、それぞれ最低何本必要か答えなさい。

No.1

解答

式：700×60÷20×7

答え：およそ14700L

解説

中心から出る水の量を出すと、1秒間に700Lだけど、求めたいのは「1分間」あたりの量なので、分にそろえよう。1分は60秒なので60倍して、700×60＝42000Lずつ、毎分出てくるということ。

さらにその水が、20個の窓から出ていくので、1つの窓から出る量は、42000÷20＝2100Lだとわかる。

最後に、Cに送られる水の量は、窓が7つ分なので、2100×7＝14700L（およそ）が答え。

円形分水の仕組みや、窓の数をどう数えるのかで戸惑うけど、あたえられた資料だけでちゃんと解けるようになっているはずだから、落ち着いて数えよう！

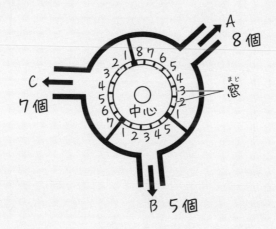

No.2

解答

（1）75mL

（2）【赤】3本　【青】5本　【白】6本

解説

（1）赤：青：白＝②：③：④という比率から、それぞれ2mL、3mL、4mLと実際の数字に置きかえると、絵の具は合計2＋3＋4＝9mL使うとわかる。

また、絵の具：水が③：①という比率から、絵の具を9mL使うとき、水は9÷3＝3mL必要。

ここまでを整理して比にすると、赤：青：白：水＝②：③：④：③とわかる。このすべての合計（2＋3＋4＋3）⑫が300mLだとすると、①は300÷12＝25mL。水は③必要なので、25×3＝75mLが正解。

（2）続いて、色ごとに必要な量を出していこう！

①＝25mLということから、赤②は、25×2＝50mL、青③は、水③と同じなので75mL、白④は25×4＝100mL必要となる。

チューブには1本18mLの絵の具が入っているので、不足しないように買うと…

赤　50÷18＝2…14　3本あればOK

青　75÷18＝4…3　5本あればOK

白　100÷18＝5…10　　6本あればOK

割り算の答えの本数をそのまま答えてしまうと、足りなくなってしまう。割り算の商にプラス1をするのを忘れずに！

「算数記述」攻略の道

ここまでの算数記述
よくがんばったね！

記述に必要な
コツをここで
まとめてみたよ

練習あるのみ

「算数記述」攻略の道

わかりやすい！

なるほど〜。
こんな意味
だったのか…

☑ 図、式、表など「使ってもよい」と言われているときは
「使わないと説明が難しい」という意味

☑ 「言葉を使って」という指示は、「文章で説明せよ！」
ということ。式だけではNG

☑ 文の中に式を組み込むことに慣れよう！
単位も忘れずに

☑ 作文じゃないからどんどん改行OK！
接続詞を使いこなそう！

★ 使いやすい王道！ まず → 次に → よって、結論

学校によって
記述の解答例の
作り方には
個性があるよ

大事なのは、
相手に伝わる
記述であること！

こっちの学校は
〜9+6=15cm

でも
こっちは
〜30÷6=5
(cm)

でもさあ模試も
学校によって
単位にカッコが
ついてたりついて
なかったりして

どっちが
正しいんだろう？

どっちが
正しいの
?!

うー、
単位にカッコが
ついてたり、
ついてなかったり…

横の長さは
△cmとわかる

横の長さ
→△cm

〜△cm
…横の長さ

表し方も
いろいろあるよ!!

色々な学校の
算数記述を
参考にしたり

模写したりして
慣れてきたら

最終的には志望校の
解答例の書き方に
似せるといいよ！

そのまま
書き写すことで
慣れるって
コトなんだね

模写も
大事！

模はん回答を
そのまま書き
写してみるんだ

上手!!

おさえておきたい
得点アップ技！

おさえておきたい得点アップ技！
① 単位換算

　適性検査で出てくる算数の問題は、ほとんどが文章題で、計算だけの問題はほぼないよ。校庭の面積を出したり、板を切って箱を作ったり、ペンキで壁に色を塗ったり、パネルに絵をはったり…などの日常生活の一場面という設定で出される問題が多いので、㎠や㎡、kgやLなど、いろいろな単位が会話文の中に登場する。出てくる単位と、答えで出さないといけない単位が異なることもあるので、単位の種類をしっかり覚えて、まちがえないようにしよう！

✧✦ ポイント ✦✧

- ### 長さの単位（mm ➡ cm ➡ m ➡ km）

  1 km＝1000m

  1 m＝100cm

  1 cm＝10mm

- ### 面積の単位（㎢ ➡ ha ➡ a ➡ ㎡ ➡ ㎠ ➡ ㎟）

  1㎢＝100ha＝1000000㎡

  1 ha＝100 a

  1 a＝100㎡

  1㎡＝100cm×100cm＝10000㎠

  1㎠＝10mm×10mm＝100㎟

面積はたて×横で2つの数量のかけ算だから、単位に小さい2がついてくるよ

cm^2

2cm × 3cm = 6㎠

- ### 重さの単位（t ➡ kg ➡ g ➡ mg）

  1 t＝1000kg

  1 kg＝1000 g

  1 g＝1000mg

面積の単位は平方○○と読む。㎠なら平方センチメートルだね

- ### かさの単位（kL ➡ L ➡ dL ➡ mL＝cc）

  1 kL ➡ 1000 L

1 L ＝10 dL

1 dL ＝100 mL ＝100cc

- **体積の単位（㎥➡㎤➡㎣）**

1㎥＝1000000㎤

1㎤＝1000㎣

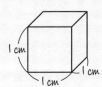

$1cm×1cm×1cm＝1㎤$

‖　　　　‖　　　　‖　　　　‖

$10㎜×10㎜×10㎜＝1000㎣$

「体積➡かさ」でよく出るもの

1㎥＝1000 L （一辺1 mのサイコロ型の容器に、1000 L 入るということ）

1㎤＝ 1 mL

「かさ➡体積」でよく出るもの

1 L ＝1000㎤（1 L の牛乳パックに入っている量は、10×10×10㎝のサイコロに入るということ）

- **番外編：組み合わされる単位**

①密度…1㎤あたりの重さ（g／㎤）
同じ体積（大きさ）で比べたとき、
重いものを「密度が大きい」、軽いも
のを「密度が小さい」と言う。
水よりも密度が小さいものは浮かび、
密度が大きいものは沈む。

油
水
ガムシロップ

②人口密度…1㎢あたりに住んでいる人の数（人／㎢）
日本の中で最も人口密度が高いのは東京都、一番低いのは北海道だよ。

③フードマイレージ…食料の輸送量×輸送距離（t・km）
食料を遠くから大量に運ぶと、その分、環境にあたえる影響は大きくなるよ
ね。食品輸送が地球にあたえる負荷（ダメージ）を調べるための単位だよ。
食品の多くを輸入にたよる日本のフードマイレージはとても高いと言われて
いる。

（例8万tのオレンジを1万km先のアメリカから輸入する場合、フードマイレージは、80000×10000＝800000000＝8億トン・キロ）

おさえておきたい得点アップ技！
②割合計算とグラフ

　適性検査で割合が登場することは多いけど、特にやっかいなのは、グラフを作らないといけない問題だよ。制限時間もきびしい中で正確に計算もしつつ、正しく読みやすいグラフを書かないといけないんだ。

✦ ✦ ポイント ✦ ✦

- グラフを作る問題が出たら、まず次を確認しよう！
  - ✓ 小数第何位まで必要？ 割り切れないときは第何位を四捨五入？
  - ✓ 使う年度や項目はどれ？
  - ✓ その他のルールは？

○○についての意見調査（千人）

国名＼回答	賛成	反対	どちらでもない	総数
アメリカ	1859	773	28	2660
イギリス	569	311	19	899
中国	2432	53	8	2493
フランス	630	29	31	690
⋮	⋮	⋮	⋮	⋮

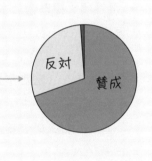

アメリカ	賛成	反対
イギリス		
⋮	⋮	

作りたい資料によって使わないといけない場所は異なる。何を知りたくてグラフにするのか、指示をしっかりチェック！

★同じ項目同士は点線でつなぐこと

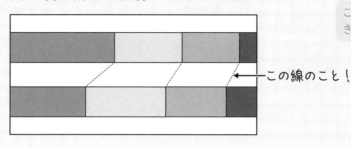

こういう条件があったら
きちんと反映！

← この線のこと！

★割合が大きい順に並べること

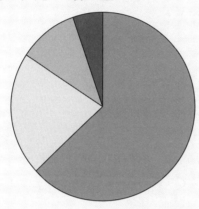

％が大きい順に時計まわりで！
（「その他」は大きさにかかわらず一番最後）

★項目が見やすいよう表記すること

線をグラフの外に
引いてわかりやすく

小さくて
読めないのは
NG

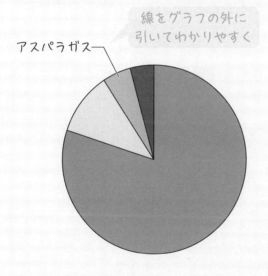

アスパラガス

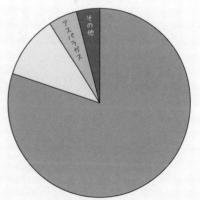

アスパラガス
その他

おさえておきたい得点アップ技！
③仮説を立てよう

　カードをめくったり、じゃんけんをしたり、プログラミングゲームが始まったり…と、適性検査の算数分野では何かとゲーム問題が登場するよ。相手がこう動いたら自分はこうして…と「次の動きを仮に予測する」という考え方が求められる。頭の中だけで考えようとすると混乱するので、コツをおさえてていねいに取り組もう。これは理科分野でも必要な考え方だよ！

✦✧ ✦ ポイント ✦ ✦✧

- **仮説のしくみを理解しよう**
　仮説とは、「こうだったら…」と設定を仮に決めて、その通りにシミュレーションをし、その結果、正しいか、むじゅんが起こるか確かめるために行うよ
  - ✓ 仮説を立てたところより後は、すべて「仮の話」。確実にわかっていることと、仮説の話のところをきっちり区別しよう
  - ✓ 仮説を立ててシミュレーションした結果、問題の条件に合わない結果が出たら、仮説までもどること。仮説の途中段階や、仮説よりも前にもどったりしないこと。仮説のスタート地点にもどって、その設定を変えて別の仮説を試そう。

（例）
みどりさんの持っているカードは偶数だから、
候補は2、4、6、8のいずれか。　　　　　　　ここまでは
　　　　　　　　　　　　　　　　　　　　　　確定している情報

持っているカードが ２だとすると　←仮説　　ここからは
　　　　　　　　　　　　　　　　　スタート　「仮の話」
　：
条件に合わない

むじゅんが起きたら、
「仮説」のところまで巻きもどす。
それ以外のところにはもどらないこと。
そして別の仮説（4だとすると…？ 6だとすると…？）
をくり返していく。

解いている最中は、ページの余白を使って仮説をメモして
いくしかないけれど、ぐちゃぐちゃに書くと、どこから仮説
だったか自分でもわからなくなるよ。

拡大

仮説のスタート場所を
目立つように囲むと、
どこに巻きもどすか
わかりやすいよ!

\ 解読不能… /

ケイティ

公立中高一貫校合格アドバイザー。1988年兵庫県生まれ。適性検査対策の情報を配信する「ケイティサロン」主宰。法政大学在学中に早稲田アカデミー講師として活動する中で、中学受験で親子関係が壊れていくケースや、進学後に燃え尽きて成績が低迷し、"進学校の深海魚"となるケースを多々見てきたことから、「合格をゴールにしないこと」を強く意識する。公立中高一貫校の黎明期である2007年からの講師経験を活かして対策範囲を全国に広げ、「ケイティサロン」には北海道から沖縄までメンバーが集まっている。1期生約180名、2期生約270名が卒業し、北は仙台二華から、南は沖縄開邦まで合格者を輩出。さらに1期、2期ともに都立の中高一貫校すべてにメンバーを送り出している。狭き門にも心を折られず、「受検してよかった」と笑顔で本番を終えられるよう、公立中高一貫校に挑む親子を日々サポートしている。著書に『公立中高一貫校合格バイブル』(実務教育出版)がある。

- •【適性検査対策！】ケイティの公立中高一貫校攻略ブログ
  http://katy-tekiseikensa.net/
- • ケイティサロン(公立中高一貫校合格を目指す情報共有サロン)
  https://lounge.dmm.com/detail/2380/

装丁：山田和寛＋佐々木英子（nipponia）
本文デザイン：佐藤 純（アスラン編集スタジオ）
イラスト：吉村堂（アスラン編集スタジオ）

合格力アップ！
**公立中高一貫校
頻出ジャンル別はじめての適性検査
「算数分野」問題集**

2023年3月5日　初版第1刷発行

著 者　ケイティ
発行者　小山隆之
発行所　株式会社 実務教育出版

　　　　〒163-8671　東京都新宿区新宿1-1-12
　　　　電話　03-3355-1812（編集）　03-3355-1951（販売）
　　　　振替　00160-0-78270

印刷／壮光舎印刷株式会社　　製本／東京美術紙工協業組合

合格力アップ！

公立中高一貫校

頻出ジャンル別はじめての適性検査
「算数分野」問題集

例題
&
過去問チャレンジ
解答欄

実務教育出版

※取り外して、ご使用ください

第1章

1. およその数と計算

No. 1

A 国	
	万人
B 国	
	万人
C 国	
	万人

No. 2

14892 + 4820 = ( ) + ( ) = ( )
81560 ÷ 4119 = ( ) ÷ ( ) = ( )

No. 3

最も小さい数字
最も大きい数字

2. 計算の順序と工夫

No. 1

① 式　（　　　　　　　　　　　　　　　　　　　　　）
　　答え（　　　　　　　　　　円）
② 式　（　　　　　　　　　　　　　　　　　　　　　）
　　答え（　　　　　　　　　　km）

No. 2

①
②
③

No.3

3. 偶数・奇数

No.1

ア（　　）イ（　　）ウ（　　）エ（　　）

No.2

ア
イ

No.3

4. 約数・倍数

No.1

①

白 匹	黒 匹	ラメ 匹

②

No.2

①

cm	枚

②

cm

No.3

g

5．割合

No.1

①	倍
②	
③	ページ

No.2

選んだ辞書（　　　　　　　　）
利用するものに〇（　キャンペーン　・　割引券　）

No.3

第2章

1．さまざまな図形

No.1

（1）　　　　　　　cm²	（2）　　　　　　　cm²
（3）　　　　　　　cm²	（4）　　　　　　　cm²
（5）　　　　　　　cm²	（6）　　　　　　　cm²

No.2

（1）　　　　　°	（2）　　　　　°
（3）　　　　　°	（4）　　　　　°

（１）

（２）

2．角度
かくど

A °	B °

A °	B °

A °	B °

3．円の性質
えん　せいしつ

（１）面積 cm²	まわりの長さ cm
（２）面積 cm²	まわりの長さ cm
（３）面積 cm²	まわりの長さ cm
（４）面積 cm²	まわりの長さ cm

m²

4. 立体

No.1

①	②	③

No.2

①

上

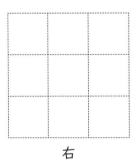

右

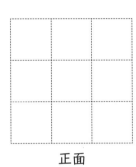

正面

②

個

No.3

5. 拡大と縮小

No.1

（1）
km
（2）
cm
（3）

No.2

m

6．線対称・点対称

No. 1

①	②
③	④
⑤	

No.2

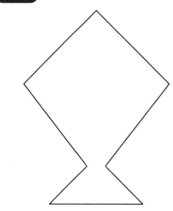

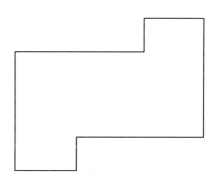

No.3

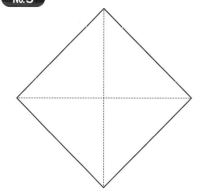

第3章

1．関係する数量

No. 1

① □＝	② □＝
③ □＝	④ □＝

No.2

□=

No.3

g

2．速さ

No.1

① 時速	km
② 秒速	m
③ 秒速	m
④ 分速	m
⑤（　　　　　）さんの方が（　　　　　）分（　　　　　）秒長く走った	

No.2

時速	km

No.3

分	秒

3．比を使いこなそう

No.1

① □=	（　比例　・　反比例　・　どちらでもない　）
② □=	（　比例　・　反比例　・　どちらでもない　）
③ □=	（　比例　・　反比例　・　どちらでもない　）
④ □=	（　比例　・　反比例　・　どちらでもない　）
⑤ □=	（　比例　・　反比例　・　どちらでもない　）
⑥ □=	（　比例　・　反比例　・　どちらでもない　）

No.2

Ａピザ　　　　　　枚	Ｂピザ　　　　　　枚

No.3

およそ　　　　　　本

第1章

1．およその数と計算

No.1 2021年度大分県立大分豊府中学校（一部抜粋）

はい

No.2 2021年度新潟市立高志中等教育学校（改題）

（式）

答え _____ 人分

No.3 2020年度東京都立小石川中等教育学校

	自動車	機械
1アメリカドル＝90円	アメリカドル	円
1アメリカドル＝110円	アメリカドル	円

2．計算の順序と工夫

No.1 2021年度福島県共通問題

No.2 2021年度鹿児島市立鹿児島玉龍中学校

問4	
問5	

数字や記号の順番
考え方

3. 偶数・奇数

A	B	C

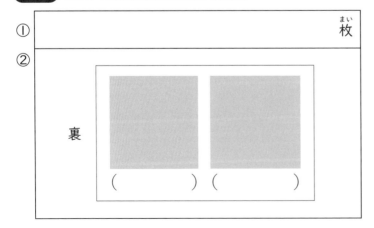

4. 約数・倍数

No. 1 2022年度岡山県立岡山大安寺中等教育学校

解答らん

太郎のカード　□ □ □

花子のカード　□ □ □

進のカード　□ □ □

No. 2 2021年度大阪府立富田林中学校（改題）

5. 割合

No. 1 2022年度山口県共通問題

① _____ 人　② _____

No. 2 2022年度宮崎県共通問題

問い1	
問い2	

第2章

1. さまざまな図形

No. 1 2021年度仙台市立仙台青陵中等教育学校（改題）

①					
cmと	cmと	cm	cmと	cmと	cm
②					

(1)	A		B		C		D	

(2)	（理由）

(3)	１種類目 ２種類目

(4)	【正三角形と正方形、正六角形がしきつめられる理由】 【正五角形がしきつめられない理由】

2．角度

度

度

3．円の性質

> 説　明
>
>
>
>
>
>
>
>
>
>
>
>
>
> ①は、１人あたりの面積が等しくなるように
> ６人に切り分けたときの１人分になっていると（　　　　　　　　　　　　）。
> ②は、１人あたりの面積が等しくなるように
> ６人に切り分けたときの１人分になっていると（　　　　　　　　　　　　）。

（1）	ア		イ		ウ	
	エ					
（2）	面積					
	説明					

4．立体

問題1	頂点の数		辺の数
問題2	この立体は正多面体であると（ いえる・いえない ）←どちらかに○をする		
	理由		

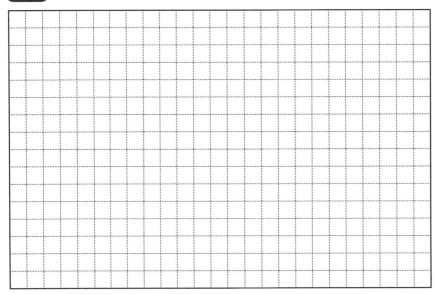

5．拡大と縮小

	㎡

およそ	km

14

6. 線対称・点対称

No. 1 2021年度青森県立三本木高等学校附属中学校
せんたいしょう てんたいしょう
ねんど あおもりけんりつさんぼんぎこうとうがっこうふぞくちゅうがっこう

[図]

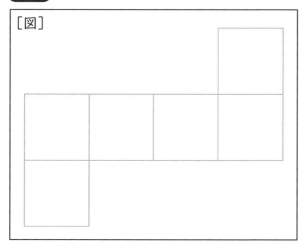

No. 2 2022年度徳島県共通問題
ねんど とくしまけんきょうつうもんだい

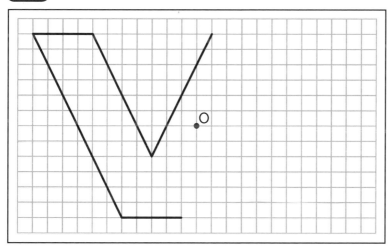

第3章

1. 関係する数量
かんけい すうりょう

No. 1 2021年度徳島県共通問題
ねんど とくしまけんきょうつうもんだい

①		きゃく
②		

問1	cm
	計算の過程
問2	cm

2．速さ

No.1 2021年度石川県立金沢錦丘中学校

求め方

答え　時速　　　　km

No.2 2022年度さいたま市立浦和中学校

B		C		D	

3．比を使いこなそう

No.1 2021年度大分県立大分豊府中学校

式
およそ　　　　　　　　　　　　　L

No.2 2022年度岩手県立一関第一高等学校附属中学校

（1）	mL
（2）	【赤】　　　本　【青】　　　本　【白】　　　本